青少年网络素养读本·第2辑　　罗以澄　主编

以德治网与依法治网

YIDE ZHIWANG YU YIFA ZHIWANG

吴玉兰　著

宁波出版社
NINGBO PUBLISHING HOUSE

总　序

　　互联网技术的快速发展和广泛运用为我们搭建了一个丰富多彩的网络世界,并深刻改变了现实社会。当今,网络媒介如空气一般存在于我们周围,不仅影响和左右着人们的思维方式与社会习性,还影响和左右着人际关系的建构与维护。作为一出生就与网络媒介有着亲密接触的一代,青少年自然是网络化生活的主体。中国互联网络信息中心发布的第47次《中国互联网络发展状况统计报告》显示,我国网民以10—39岁的群体为主,他们占整体网民的51.8%,其中,10—19岁占13.5%,20—29岁占17.8%,30—39岁占20.5%。可以说,青少年是网络媒介最主要的使用者和消费者,也是最易受网络媒介影响的群体。

　　人类社会的发展离不开一代又一代新技术的创造,而人类又时常为这些新技术及其衍生物所改变。如果不能正确对待和科学使用这些新技术及其衍生物,势必受其负面影响,产生不良后果。尤其是青少年,受年龄、阅历和认知能力、判断能力等方面局限,若得不到有效的指导和引导,容易在新技术及其衍生物面前迷失自我,迷失前行的方向。君不见,在传播技术加速迭代的趋势下,海量信息的传播环境中,一些青少年识别不了信息传播中的真与假、美与丑、善与恶,以致是非观念模糊、道德意识下降,甚至抵御不住淫秽、色情、暴力内容的诱惑。君不见,在充满魔幻色彩的网络世界里,一些青少年沉溺于虚拟空间而离群索居,以致心理素质脆弱、人际情感疏远、社会责任缺失;还有一些青少年患上了"网络成瘾症","低头族""鼠标手"成为其代名词。

2016 年 4 月 19 日,习近平总书记在网络安全和信息化工作座谈会上指出:"网络空间是亿万民众共同的精神家园。网络空间天朗气清、生态良好,符合人民利益。网络空间乌烟瘴气、生态恶化,不符合人民利益 …… 我们要本着对社会负责、对人民负责的态度,依法加强网络空间治理,加强网络内容建设,做强网上正面宣传,培育积极健康、向上向善的网络文化,用社会主义核心价值观和人类优秀文明成果滋养人心、滋养社会,做到正能量充沛、主旋律高昂,为广大网民特别是青少年营造一个风清气正的网络空间。"网络空间的"风清气正",一方面依赖政府和社会的共同努力,另一方面离不开广大网民特别是青少年的网络媒介素养的提升。"少年智则国智,少年强则国强。"青少年代表着国家的未来和民族的希望,其智识生活构成要素之一的网络媒介素养,不仅是当下各界人士普遍关注的一个显性话题,也是中国社会发展中急需探寻并破解的一个重大课题。

网络媒介素养既包括对媒介信息的理解能力、批判能力,又包括对网络媒介的正确认知与合理使用的能力。为此,我们组织编写了这套《青少年网络素养读本》,第二辑包含由五个不同主题构成的五本书,分别是《网络语言与交往理性》《人与智能化社会》《数字鸿沟与数字机遇》《以德治网与依法治网》《网络强国与国际竞争力》,旨在帮助青少年读者看清网络媒介的不同面相,从而正确理解和使用网络媒介及其信息。为适合青少年读者的阅读习惯,每本书的篇幅为 15 万字左右,解读了大量案例,以使阅读与思考变得生动、有趣。

这套丛书是集体才智的结晶。作者分别来自武汉大学、中央财经大学、中南财经政法大学、湖南财政经济学院、怀化学院等高等院校,六位主笔都是具有博士学位的专家学者,有着多年的教学与科研经验;其中几位还曾是媒介的领军人物,有着丰富的媒介工作经验。写作过程中,他们秉持知识性、趣味性、启发性、开放性的原则,不仅带领各自的学生反复谋划、研讨话题,一道收集资料、撰写文本,还多次深入社会实践,倾听青少年的呼声与诉求,调动青少年一起来分析自己接触与使用网络的行为,一起来寻找网络化生存的限度与边界。因此,从这个层面上说,这套丛书也是他们与青少年共同完成的。

作为这套丛书的主编之一,我向辛勤付出的各位主笔及参与者致以敬意。同时,也向中共宁波市委宣传部、中共宁波市委网信办和宁波出版社的领导,向这套丛书的责任编辑表达由衷的感谢。正是由于他们的鼎力支持与悉心指导、帮助,这套丛书才得以迅速地与诸位见面。青少年网络媒介素养教育任重而道远,我期待着,这套丛书能够给广大青少年以及关心青少年成长的人们带来有益的思考与启迪,让我们为提升青少年的网络媒介素养共同出谋划策,为青少年的健康成长共同营造良好氛围。

是为序。

罗以澄

2021 年 3 月于武汉大学珞珈山

目录

总　序　　　　　　　　　　　　　　　　　　罗以澄

第一章　一起来认识伦理道德与法律

第一节　伦理道德与我们息息相关　　　　3

一、道德和伦理有界限吗　　　　4

二、伦理道德与社会处处关联　　　　9

三、网络是展示伦理道德的镜子　　　　12

四、"以德治国"的思想内涵　　　　16

第二节　法律与青少年成长　　　　19

一、法的来源与作用　　　　20

二、法律与社会生活息息相关　　　　22

三、网络不是法律的真空地带　　　　25

四、"依法治国"的思想内涵　　　　27

第三节　伦理道德与法制相伴相随　　　　29

一、伦理道德与法律是有界限的　　　　30

二、伦理道德与法律共建美好社会家园　　　　31

三、以德治网与依法治网相辅相成　　33

第二章　可能触碰的网络伦理道德失范

第一节　网络信息搜索与信息异化　　39

一、网络信息搜索的优势与危害　　39

二、戴着"假面"的异化信息　　41

第二节　造成现实伤害的网络暴力　　49

一、何为网络暴力　　49

二、网络暴力的"小伎俩"　　50

三、网络暴力影响青少年成长　　59

第三节　网络短视频的伦理问题　　65

一、网络短视频的兴起与发展　　66

二、网络短视频是公共领域与个人舞台的融合　　67

三、网络短视频对青少年成长的影响　　68

第三章　网络乱象之违规违法行为

第一节　网络言论自由的边界　　77

一、网络言论自由：特殊空间的表达与宣泄　　77

二、言论自由并非情绪宣泄自由　　81

三、张殊凡事件：言论自由与言论失范的界限　　84

四、网络言论影响青少年价值观　　86

第二节　防不胜防的网络诈骗　　87

一、网络游戏诈骗　　89

二、网络中奖诈骗　　90

三、网络购物诈骗　　93

四、网络电信诈骗　　95

第三节　网络借贷的风险与防范　　99

一、网络借贷的优势与风险　　100

二、校园贷：互联网金融还是高利贷陷阱　　100

三、新型校园贷层出不穷　　104

第四节　低俗的网络色情　　107

一、网络色情的可怕现状　　108

二、网络色情与青少年犯罪　　109

第四章　一起崇德向善净化网络

第一节　加强网络道德规范建设　115

一、构建与和谐社会相适应的网络道德体系　115

二、网络诚信清朗,看我青年力量　120

三、"明大德、守公德、严私德"　122

第二节　加强网络伦理教育　128

一、晓之以理:普及网络伦理知识　128

二、动之以情:培养网络道德情感　134

三、道德"进化论":立好网络世界"三观"　138

第三节　发挥网络伦理道德建设的主体作用　144

一、求知:提高网络伦理道德认知水平　144

二、慎独:道德需要内化于心　148

三、笃行:道德需要外化于行　152

第五章　一起依法依规治理网络

第一节　了解我国的网络法治思想　159

一、依法治国方略在我国的发展　159

二、习近平依法治国与网络治理的论述　　　　　164

第二节　熟悉和了解网络法律法规　　　　　171

一、我国的互联网立法发展　　　　　172
二、欧美国家互联网治理法律与条例　　　　　174
三、新时代我国网络治理的创举　　　　　180

第三节　青少年如何遵守和践行网络法律法规　　　　　186

一、青少年要学法守法　　　　　186
二、青少年要对违法行为说"不"　　　　　190
三、青少年要增强违法鉴别能力　　　　　191

参考文献　　　　　194
后　记　　　　　196

第一章

一起来认识伦理道德与法律

主题导航

① 伦理道德与我们息息相关

② 法律与青少年成长

❸ 伦理道德与法制相伴相随

　　道德是人们共同生活及其行为的准则和规范,作为社会意识形态是指调节人与人、人与自然之间关系的行为规范的总和。伦理主要指反映人伦关系以及维持人伦关系所必须遵循的规则。生活中,伦理与道德常常联系在一起,甚至被表述为"伦理道德",但它们也有不同。道德侧重于内在的价值理想,伦理重在外在的行为规范。可以说,伦理道德是一种社会意识形态,是在长期的实践活动中由社会群体总结归纳,最终被大多数社会成员所接受的约定俗成的产物。

　　法律是国家制定或认可的、确认权利和义务的行为规范,反映由特定社会物质生活条件所决定的统治阶级意志,以权利和义务为内容,以确认、保护和发展对统治阶级有利的社会关系和社会秩序为目的的行为规范体系。法律意味着公平、正义。

　　伦理道德与法律的区别是什么呢?法律如何约束伦理道德所不能约束的事物?它们与社会、生活以及网络有何联系呢?带着这些疑问,让我们翻开本章一起探索吧。

第一节　伦理道德与我们息息相关

你知道吗？

以儒家伦理为代表的中国传统美德已成为世界讨论伦理相关问题时的热点议题。中国传统美德在许多方面提出了当代欧美伦理学所未涉及或涉及不深的观点、论证和论理方式。例如，家庭伦理共同体对美德教养所发挥的特殊作用、自然人伦关系和伦理身份对个体美德品质形成的复杂影响、儒家之修身养性的德教传统在现代社会和现代人美德品质的培育教化中的现实合理性等等。[1]

其实，中国传统伦理道德之所以能引发热烈讨论，这与中国深厚璀璨的传统文化分不开。如果青少年能对传统文化美德有更多的了解，那么就能更好地理解中国以儒家伦理为代表的伦理道德。

---

[1] 万俊人.当代伦理学前沿检视 [J].哲学动态,2014（2）.

一、道德和伦理有界限吗

道德和伦理其实是一对相辅相成的组合，更是一种你中有我、我中有你的命运共同体。它们携手共进，引导我们坚持真善美，反对假丑恶，让我们拥有更加健康的三观。

"道"与"德"组合，始于春秋战国的《礼记》《庄子》《荀子》《韩非子》等书，并且生成了确定的意义。《礼记》中"道德"与人类善的最高范畴"仁义"的含义有异曲同工之妙；庄子的"道德"主要是对自然之"道"的体悟；荀子的"道德"指人类对于社会法则与秩序的"化性"过程；韩非子的"道德"指圣贤之人的高尚品质。

资料链接

什么是三观

三观，一般指的是哲学概念。这里的三观指的是世界观、价值观和人生观。这是被大多数人所认知的三观。它们辩证统一、相互作用，崇高的真善美是三观的追求目标。中国共产党也提出过党的三观，是胡锦涛同志在 2009 年中央纪委十七届三次全会上提出的，即事业观、工作观和政绩观。此外，还有佛教中的三观，即一心三观，为空观、假观和中观。

简而言之，在中国文化中，道德指依靠社会舆论和人的内心信念来维持和调整人们相互关系的行为规范总和。它具有主观性、情感性等特点，同时具有浓郁的"顿悟"等人文取向，尤其偏重生命个体的内在心得和体悟。道德包含了生命主体对自然、社会、人类等大千世界中万事万物规律的理解与把握。"道"又可划分为天道、地道和人道等三类。"人道"更多关涉"善"与"仁"等情性内容。因此,在中国古代文化中,"伦理"一词只不过是道德范畴中一个下位概念或二级概念。

我国是文明古国、礼仪之邦,历来重视伦理道德。早在我国古代典籍中就有"伦理"这一概念。"伦"的本义是"辈",后引申出群、类、比、序等含义,即"伦"就是指辈分。"理"则是"治玉",由此引申出分、条理、精微、道理等含义。在西方,"伦理"一词源于古希腊语。在荷马时代,它表示驻地或公共场所,后用于表示某种现象的实质或稳定的性质、一个民族特有的生活惯例,再后又逐渐演化为性格、品质、品格、德行等概念。从亚里士多德开始,"伦理"专门用以表示研究人类德行的科学,也是引导个人行为在特定情况下的道德准则或行为规范。伦理规范具有模糊性,体现在精神层面,更强调对义务的履行,不具有强制性,它的实施主要靠人们的自觉性。

伦理与道德的区别主要表现为:首先,伦理与道德在进行道德选择或对问题作出判断时是"两种不同的状态(two different orders)"。从这个意义上,道德处于初级的实践状态,伦理处于高级的理论状态,即伦理比道德离生活实践的距离更远,它是对道德的研究,它是理性概念。道德蕴含着"某种文化中对与错的观念",伦理是一种对法则(principles)进行文化反思的知识。道德

5

是与生活密切相关的选择行动的规则,伦理是对这些选择的系统研究。道德更多地指向主观领域,具有"应然"旨趣,指向个人生活中内在的主观的品格,具有主观性、情境性、个体性等特征。伦理多运用于社会或公共生活中的职业语境,指向一种公共生活中外在的客观的理性规范,具有客观性、普遍性、习俗性等特征。

道德作用的发挥与实施要从五个方面说起,也就是道德的五项功能。

一是道德的认识功能。它教会我们在纷繁的事务中认识到判断的功用,并指明正确的方向。

二是道德的调节功能。现实生活中,个人的行动或多或少都会有情绪化的表现。当遇到需要作出道德选择的问题时,我们通过社会舆论、风俗习惯、内心信念等特有形式去调节行为,使人与人之间、个人与社会之间的关系臻于完善与和谐。

三是道德的教育功能。道德也是指引人们前进的明灯。具有良好的道德意识、道德品质和道德行为,确立正义和幸福等价值观,受教育者会逐步成为有理想、有道德的人。

四是道德的评价功能。道德在社会中也会扮演公正的法官。中国有句古话:"恶有恶报,善有善报,不是不报,时候未到。"对于不公正的事,道德通过发挥它的评价功能而警醒人们。

五是道德的平衡功能。道德不仅可以调节人际关系,而且可以平衡人与自然的关系,它要求我们抱持正确态度对待自然,调节自身的行为。

资料链接

宗教与道德

　　在摩西律法中曾提到这样一句话：风俗需要神灵的核准，宗教和道德的命令构成一个统一的法典，虔诚和道德被看作同一个东西。宗教和道德这两者按照马克思的观点来看，都是社会意识形态的表现形式，属于上层建筑的范畴。如果你知道基督教、天主教中的"十诫"，佛教中的"五戒十善"，就会发现它们与我们今日所推崇的道德有某些共同之处。

　　十诫：出自圣经的戒律，一共是十条戒律。这里列举第六条到第九条。第六条，不可杀人。第七条，不可奸淫。第八条，不可偷盗。第九条，不可作假见证陷害人。

　　五戒十善：五戒是做人的准则，是完善人格的基础。五戒者：一、不杀生，二、不偷盗，三、不邪淫，四、不妄语，五、不饮酒。十善的内容包括"身三"，即不杀、不盗、不淫；"口四"，即不两舌、不恶口、不妄言、不绮语；"意三"，即不贪、不嗔、不痴。身、口、意代表了行为、语言和思想。"五戒"侧重于止恶，而"十善"侧重于修善。

　　道德对于青少年来说，尤为重要的是认识和教育功能。为什么这样说呢？一方面，青少年阶段是一个人心智和身体快速成长但还未成熟的时期。道德的认识功能可以帮助青少年认知应当履行的责任和义务。另一方面，道德的教育功能有助于青少年培养良好的道德意识、道德品质和道德行为，使青少年树立正确的荣誉、正义和幸福等观念，使他们成为有道德、有理想的人。

伦理规范通常是能被社会大众所普遍接受的行为准则，也是引导个人行为在特定情况下的道德准则或行为规范。但伦理规范具有模糊性，体现在精神层面上更强调对义务的遵守，通常缺乏强制的力量。家庭是伦理作用的基本单位，"孝"成为处理家庭关系的基本准则。在这个基础上，儒家学者提出了以"六纪"为核心的社会伦理范畴。把以"孝"为本的家庭伦理关系扩展为以"六纪"为规范的家族式社会伦理关系。"伦理"一词在某种意义上则被直接阐述为中国传统的伦理，如天地君亲师是传统社会中伦理道德合法性的

资料链接

老子《道德经》

"《道德经》文本以哲学意义之'道德'为纲宗，论述修身、治国、用兵、养生之道，而多以政治为旨归，乃所谓'内圣外王'之学，文意深奥，包涵广博，被誉为万经之王。"[1]

《道德经》是中国历史上最伟大的名著之一，对传统哲学、科学、政治、宗教等产生了深刻影响。据联合国教科文组织统计，《道德经》是除了《圣经》以外被译成外国文字发行量最多的文化名著。

[1] 白岩松. 读书要从无用开始 从《道德经》里汲取营养. 2013 年 11 月 21 日（http://book.people.com.cn/n/2013/1121/c69401-23616008.html）.

合理依据,对民众的物质生活和精神生活等产生了深刻的影响。

在很长的历史时期内,西方的伦理与道德是互通的,直到黑格尔伦理理论出现,才开始真正从两者关系上去研究伦理和道德,并加以区分。黑格尔认为,自由意志在内心中实现就是道德,自由意志既通过外物又通过内心得到充分实现就是伦理。伦理是主观与客观的统一,是绝对精神在客观精神阶段的真理性存在。作为个体主观操守的道德以客观伦理为内容,客观伦理是主观道德操守的内在规定。

在人们心中,伦理规范也与生活密切相关。一个社会如果失去规范,便会陷入无序的状态,让人无所适从,也会影响社会的发展和人们的生存质量。由此可见,在社会活动中人与人之间的伦理规范发挥着协调统一的作用,同时也为我们创造了一个和谐的社会空间。

由此可见,道德与伦理在本义上不分彼此。伦理似乎带有更多西方文化中的理性、科学、公共意志等属性,道德则蕴含更多的东方文化的性情、人文、个人修养等色彩,所以青少年应学会在不同文化语境下区分对两者的不同理解。

二、伦理道德与社会处处关联

康德曾经说过:"有两种东西,我们愈时常、愈反复加以思维,它们就给人心灌注了时时在翻新、有加无已的赞叹和敬畏,这便是头上的星空和内心的道德法则。"[1] 道德伴随着每个人社会活动的全过程。由于市场经济和全球化的冲击,我国伦理道德的发展越来越凸显出当下的困顿和"中国问题"。但伦理道德其实与青少年的生活息息相关,甚至说生活中随处都可以看到有关违背伦理道德的事情。小到与你并排行走的路人不文明的吐痰行为,大到国家政府官员的贪污行为。有时,这些行为会触犯法律,但更多时候反映的是道德上的堕落。中国人自古以来十分讲究为人处世之道,其实它就是指人们的行为不能触碰到伦理道德的底线。

曾经有一则新闻,说的是某小区业主的狗主微信群里上传了一则长达十几分钟的视频。视频中,一男子在阳台上持硬物暴打一条银狐犬,还不时对其拳打脚踢。狗发出凄厉惨叫,在地上动弹不得。该男子还疑似用碗舀热水,浇到它头上。试想一下,如果被打的是幼童,我们肯定会报警,后续了解幼童的情况,执法机关也会依法对施暴男子进行抓捕并对其进行惩罚。但由于被打的是一条狗,目前国家还没有明确的法律条文禁止对狗施暴。即使有视频为证,虐狗行为也很难用法律去制裁。虽然打狗不会为他招来牢狱之灾,但这种挑战"爱护动物"伦理道德的行为必然会受到社会大众的谴责。

社会是展示伦理道德的大舞台。在这个舞台上,不同的国

---

[1]　[德] 康德. 实践理性批判 [M]. 韩水法, 译. 北京:商务印书馆, 1999:177.

家、不同的文化都有自己的伦理道德。随着中国社会结构的变化,如何构建与社会主义市场经济相适应的社会道德共识、公共伦理秩序和现代公民道德,换句话来说,如何构建具有中国特色社会主义道德文化体系,是中国社会面临的重大挑战。

《史记》中写道:"世间熙熙,皆为利来,世间攘攘,皆为利往。"多少人都在追名逐利的道路上一去不返,而顾不上伦理道德。现代经济伦理之父亚当·斯密编写的《道德情操论》和《国富论》两本书堪称现代经济伦理的元典。过去,我们仅仅停留于讨论"义利关系",如今更多关于经济伦理道德的问题凸显出来。例如,资本道德与道德资本问题,商业普遍诚信的制度化建构问题,现代经济制度本身的伦理学反思问题,贫穷、饥荒、经济救济和公益慈善问题等等。如果我们生活在一个没有伦理道德约束、只有现行法律的世界,社会也许就变成大卫·休谟所说的,"人们只关心自己,不关心其他任何事情,而这使得政府的自由政体必定最终变成人们无法实现的构想,必定会堕落成为充满欺诈和腐败的普遍制度。"[1]

孟子曾在《孟子·滕文公上》里说,"人之有道也,饱食暖衣、逸居而无教,则近于禽兽",意指人如果完全凭借本能去生活,那么就与禽兽无异。人之所以为人的根本就是通过受"教"摆脱这种"禽兽"的状态,上升至一种普遍的状态。这种普遍状态就是

---

[1] [古罗马]塞涅卡.道德和政治论文集[M].袁瑜琤,译.北京:北京大学出版社,2010:48.

儒家"仁"的境界。它是人具备了仁义礼智信等具体的德行品质后所表现出来的一种精神状态,一种圣人"气象"。孟子强调人之所以为人,是因为他能够过一种合乎道德的生活。

见微知著,对于陌生人,人们可通过观察他们的言行看出其人品。伦理道德关乎的事,有时真的只是生活中一些鸡毛蒜皮的小事,但就是这些小事恰能反映出其行为规范。

随着时代的变迁,道德标准也在发生改变。古代女子因溺水时被男子救下便砍掉整条手臂以示贞洁,那是当时伦理道德下的无奈选择。当今社会,伦理道德标准也更为多元,但不变的是对于真善美的追求,对正确价值观的追求。处于成长期的青少年更是要用真善美的道德标准来调整自身的思想和行为。

三、网络是展示伦理道德的镜子

在人类的历史上,从来没有一项技术及其应用会像互联网这样发展得如此迅猛,并对人们的观念、意识、伦理道德、生活方式、行为方式以及社会与个人的心理产生如此巨大的影响。

互联网是继报纸、广播、收音机和电视后更加个性化、更能促进平等交流的新传播媒介。互联网技术的迅速发展,大大缩小了人们交流的时空距离,使得地球在我们的眼中似乎成了一个小小的村落。所以,传播学者麦克卢汉提出了"地球村"概念。互联网拉近了人们之间的距离,方便了沟通,也使人们可以便捷地获取各种资源,如网络游戏、小说、电视剧等。但网络带来精彩纷呈的世界的同时,也引发了一系列的伦理道德问题。

英国历史学家阿诺德·汤因比曾指出,"技术每提高一步,力量就增大一分"。当互联网把海量信息带进千家万户时,人们的生活方式、交往方式、道德观、价值观等也会因此而改变,网络伦理道德也成为与互联网发展紧密相关的新生事物。网络伦理道德是网络环境下调整人与人之间、个人与社会之间关系的一系列行为规范的总和,这些非强制性的规则引导和约束人们的网络传播行为。

与现实世界中的伦理道德相比,网络伦理道德更需要个

资料链接

麦克卢汉关于媒介的观点

马歇尔·麦克卢汉,20世纪媒介理论家、思想家。主要著作有《机器新娘》(1951年)和《理解媒介》(1964年)。"媒介就是讯息""媒介是人体的延伸"都是麦克卢汉提出的震惊世人的结论。

关于"地球村",麦克卢汉认为,电子媒介以接近于实时的传播速度和强烈的现场感、目击感把遥远的世界拉得很近,人与人之间的感觉距离大大缩小,于是人类在更大的范围重新部落化,整个世界似乎变成一个小小村落。

人自律。在网络社会里,任何人既可以是信息的接收者,又可以是网络事件参与者,网络作为一个开放度更高的"世界"、更加自由的交流平台,网络的伦理道德更趋向于宽容、文明和平等,这也

资料链接

传播伦理道德

传播伦理道德是指人类在传播活动中处理各种利益关系所遵循的行为准则。它不但包括传播主体的道德品质、道德修养、道德观念、道德准则、道德行为、道德评价等，还包括信息获取、整合、处理以及传输中的道德，同时也包括信息的接收、析出、接受以及评价过程中的道德。

传播道德关涉完整的传播过程与传播行为。传播伦理决定了传播的社会价值，即对道德说教的传导和潜移默化的引领。传播伦理首先强调使用媒体的多样主体之间禁止传播什么、许可传播什么与倡导传播什么，在内容上达成基本共识，同时就禁止传播的内容形成互相监督的关系，就许可与倡导传播的内容形成公平竞争的关系。

反映了人类道德文明发展的趋势。同时，流言攻击、人肉搜索等网络问题却困扰着人们。

手机对普通人来说可能只是娱乐、通信的工具，但对于有些人来说可能成为杀人于无形的利器。在电影《搜索》中，某企业董事长秘书叶蓝秋在获知自己罹患癌症之后，心灰意冷地上了一辆公交车。沉浸在惊愕与恐惧中的她，拒绝给车上的老大爷让座，由此引起众议。这一过程被电视台实习记者杨佳琪用手机抓拍。杨佳琪将公车上的新闻火速交给准嫂子陈若兮。凭着新闻主编的敏锐嗅觉,陈若兮将此新闻不断放大,从而引发了一场社会大搜索,集体讨伐叶蓝秋的道德沦丧。虽然这只是电影中的情节,但当下的社会也不乏类似的事件。

2018 年 10 月 28 日,网络上疯传重庆万州一辆公交车坠桥视频。公交车还未从江中捞起,网友们就从其他过往车辆记录仪短短几十秒的片段中,断定红色小轿车司机之责。一时间,旁观者纷纷指责女司机:"在过桥时,开那么快的速度,还穿了高跟鞋?""女司机就是不靠谱!""滚出来道歉,车上还有孕妇啊!"甚至有网友直接列出女司机个人信息,对她进行人肉搜索。10 月 31 日凌晨,潜水人员将车载行车记录仪及 SD 卡打捞出水。SD 卡数据被成功恢复,提取到事发车辆内部监控视频。原来,车祸原因竟是乘客与司机动手争执,导致公交车行驶轨迹偏离,撞向女司机所开车后,坠入江中。

这两个案例的主人公都遭遇了网络暴力,网民确实违反了网络传播伦理。网络传播伦理的核心内容即真实、公正、人道主义和导向积极。真实是传播的前提和基础,公正是传播活动的标尺,人道主义是传播中坚守的原则,导向积极是传播发展的方向。

道德的本质是"人为自己立法",但并不能以此作为反对道德制度化、法律化的理由。马克思认为,人的道德的内在自觉性和自律是从外在制约性和他律转化来的。在青少年思想道德体系还未完全形成时,网络对于他们的冲击比成年人对他们的影响更大。在网络社会中,人的道德行为被膨胀的本能扭曲,因此更有必要借助于道德的外在约束力量,即制度和法律来支持和鼓励道德行为。

四、"以德治国"的思想内涵

在中华民族五千多年的文明发展史上,"以德治国"思想内涵丰富。儒家经典《尚书》的要旨就是:"第一,阐明仁君治国之道;第二,阐明贤臣事君之道。其核心思想是敬天、明德、慎罚、保民。"这是以德治国思想的起点。青少年对于社会公德的理解,是由一些成文或者不成文的规则、非正式或正式的秩序混合在一起的。比如"不许杀人放火""货真价实、童叟无欺",应该说这是一种深刻的社会规则。

"以德治国"概念由江泽民同志在 2000 年 6 月 28 日召开的中央思想政治工作会议上提出。在 2001 年初召开的全国宣传部长会议上,江泽民同志又进一步强调要把"法治"和"德治"、把"依法治国"和"以德治国"紧密结合起来,指出:"我们在建设有中国特色社会主义,发展社会主义市场经济的过程中,要坚持不懈地加强社会主义法制建设,依法治国,同时也要坚持不懈地加强社会主义道德建设,以德治国。对一个国家的治理来说,法治与德治,从来都是相辅相成、相互促进的。二者缺一不可,也不可偏废。"

2016 年 12 月，习近平总书记在主持第十八届中共中央政治局第三十七次集体学习时指出："改革开放以来，我们深刻总结我国社会主义法治建设的成功经验和深刻教训，把依法治国确定为党领导人民治理国家的基本方略，把依法执政确定为党治国理政的基本方式，走出了一条中国特色社会主义法治道路。这条道路的一个鲜明特点，就是坚持依法治国和以德治国相结合。"把握法治与德治的关系，吸取中华优秀传统文化的智慧精华，实现法律和道德相互促进、法治和德治相得益彰，不断提高国家治理体系和治理能力现代化水平。

其实，"以德治国"关键在于如何理解"德"。"以德治国"中的"德"不应当局限于狭义范畴，应从广义上把"德"的内涵理解为"思想道德"。这样，我们所谈论的"德"，就不仅仅局限于行为规范的道德，而是包括理想、信念，包括世界观、人生观、价值观，意识形态，政治思想，马列主义、毛泽东思想和邓小平理论在内的广义的思想道德。

中国是具有德治传统的国家，道德在社会发展的过程中发挥着举足轻重的作用。近代，正是这种道德传统，使一代又一代优秀的共产党员为了党和人民的事业艰苦奋斗、奉献终生。但同时我们也应该看到，随着改革开放的深化和社会主义市场经济的发展，经济成分、利益主体、社会组织和社会生活方式日趋多样化，不可避免地给人们的思想观念带来一些影响。

中华民族有五千年的文化积淀，其中关于人的道德修养的智慧绝不亚于世界上任何一个民族。传统道德修养注重"忠、信、孝、悌、礼、义、廉、耻"等优良传统,培养"智、仁、勇"兼备的健全人格。尽管传统的道德观念带有封建色彩,但数千年来,它们又发挥了维系整个中华民族精神发展的纽带作用。古人对于道德操守有极致的坚守,提倡"正心诚意,修身齐家治国平天下"。正如孔子所言,"三军可夺帅也,匹夫不可夺志也""志士仁人,无求生以害仁,有杀身以成仁",把道德品质看得重于生命。

我国实施的"以德治国"方略,是将道德建设提到一个新的高度,强调的是以社会主义道德治国。社会主义道德是中华民族优良传统道德与无产阶级道德有机结合的产物,植根于中华民族五千年的优秀道德传统的土壤上,又体现了社会主义的时代特征,是将传统美德与现代美德融为一体的现代道德,是充分体现了时代性与历史继承性相统一的新道德。

社会主义道德是以马克思主义世界观为指导,在无产阶级自发形成的朴素的道德基础上,由无产阶级自觉培养起来的道德;是以为人民服务为核心、以集体主义为原则、以诚实守信为重点,以社会主义公民基本道德规范和社会主义荣辱观为主要内容,是代表无产阶级和广大劳动人民根本利益和长远利益的先进道德体系。

习近平总书记指出:"法律是成文的道德,道德是内心的法律。"只有每个人遵守法律并积极做道德的倡导者、示范者,我们生活的这片天空才会变得更加灿烂美好。

第二节　法律与青少年成长

💡 你知道吗？

　　青少年对法律的最初印象是长辈口中常说的，"要做一个遵纪守法的好孩子"。

　　法律是什么呢？法律是由国家制定或认可，并以国家强制力保证实施的，反映由特定物质生活条件所决定的统治阶级意志的规范体系。法律是统治阶级意志的体现，是国家的统治工具。各个国家法律的起源与制定不同，它与每个国家的历史有不可分割的关系。我国法律可划分为基本法律和普通法律。基本法律有刑法、刑事诉讼法、民法通则、民事诉讼、行政诉讼法、行政法、商法、国际法等；普通法律有商标法、文物保护法等。行政法规是国家行政机关（国务院）根据宪法和法律制定的行政规范的总称。

　　法律是国家制定或认可的行为规范，具有强制性、普遍性特点。本节，我们将着重讨论法律对整个社会、网络世界和青少年成长的影响。

一、法的来源与作用

提到法律,我们会想到它的起源、发展、作用等。学习法律,会让青少年更加了解法律和敬畏法律。

法学就是以法律、法律现象及其规律性为研究内容的科学,是研究与法相关问题的专门学问,是关于法律问题的知识和理论体系。其核心就在对秩序与公正的研究,是秩序与公正之学。法学在我国先秦时期称为"刑名法术之学"或"刑名之学",汉代始有"律学"。直到 19 世纪末 20 世纪初,西学东渐日盛,"法学"一词才被广泛使用。

"法学"一词在西方源远流长,早在公元前 3 世纪末的罗马共和国时代就已出现。该词拉丁文为 Jurisprudontia,由 Ius(法律、正义、权利)和 Providere(先见、知识、聪明)两词合成,表示有系统、有组织的法律知识、法律学问。[1]

讲到法律的性质,法学界各有看法,有学者认为法学是实证学科,因为人们像研究自然现象那样研究法律;有学者认为法学是形式科学,因为它关注思维,不涉及价值取向;有学者认为是人文科学,因为它以人为研究对象;还有学者则认为是社会科学,也是以研究对象来分类的。

法是人类社会发展到一定历史阶段的产物。原始社会以习

---

[1] 吴汉东.法学通论 [M]. 北京:北京大学出版社,2008:1.

惯法为主,是生产力的发展、社会分工和商品交换发展的产物;另一原因则是阶级根源,主要指阶级和阶级斗争促进了法的发展。除经济、阶级原因外,法的产生与发展还受其他诸如人文、地理等因素的影响。

法的作用到底是什么呢？我们前面认识了道德的五种作用,而法的作用其实与道德的作用有异曲同工之妙。法的作用最早由英国学者拉兹提出。简单来说,法有两个方面作用:一是规范作用。规范作用里又包括指引作用、评价作用、预测作用、教育作用和强制作用。人们常觉得规则会制约我们,但反过来看,规则也在保护我们。二是社会作用,包括政治作用、执行社会公共事务的功能等。

资料链接

世界五大法系

世界五大法系由法学家们根据世界各国法律的基本特征分出来:欧洲大陆法系、英美法系、伊斯兰法系、印度法系和中华法系(也有的法学家分为资本主义法系和社会主义法系)。由于历史原因,有些国家或地区,如菲律宾、南非、英国的苏格兰、美国路易斯安那州、加拿大魁北克省的法律兼有多系的特点。在亚洲和非洲的一些国家和地区的法律,往往兼有西方某一法系与原有的宗教法系的特点。

二、法律与社会生活息息相关

法律与我们所生活的社会息息相关,从许多重大的社会事件中更能看到生活与法律的联系。在法律视野下讨论社会的变化已成为一种潮流。

还记得 2017 年的哈维·温斯坦性侵事件吗? 2017 年 10 月,数十名女性声称遭到美国著名制片人、导演哈维·温斯坦的性骚扰、胁迫或强奸,好莱坞的其他女性也表示有过类似的经历,但温斯坦否认有非自愿性行为。随后,温斯坦被他的公司和美国电影艺术与科学学院除名,妻子乔治娜·查普曼宣布和他离婚。法国总统马克龙就性丑闻表态说,他已要求撤销法国政府授予温斯坦的荣誉军团骑士勋章。2018 年 3 月,哈维·温斯坦的性骚扰丑闻被媒体曝出,后由艾丽莎·米兰诺等人针对哈维·温斯坦性侵多名女星丑闻发起了一场社会性的运动——Me too,呼吁所有曾遭受性侵犯的女性挺身说出惨痛经历,并希望以此唤起社会关注。之后,Twitter、Facebook 和 Instagram 等社交媒体上先后有成百上千的人给予回复。有些人只写了"我也是",更多的人讲述了她们遭受性侵犯或性骚扰的经历。作家、诗人那吉娃·依比安(Najwa Zebian)写道:"被指责的是我,人们让我不要谈论这件事。人们对我说这没有多糟糕,人们对我说我应该看淡它。"越来越多的人不再沉默,站出来指认并向世人述说她们的经历。渐渐地,这件事从一场性侵案件演变成全球的反性侵运动。碍于社会和文化原因,许多性侵受害人在遭受了人身伤害后选择沉默,这让犯罪者逍遥法外。但这一次,艾丽莎唤醒了其他受害者心中的"不可说之地",让更多人勇敢站出来。

一起法律案件引起全社会的共鸣,恰恰说明法律的教育作用。

2018 年 12 月 2 日在湖南发生了一起令人发怵的事情。一个年仅 12 岁的小学生因为嫌母亲管教太严,被母亲打后心生怨恨,拿菜刀将母亲杀害。他因年龄未满 14 周岁,不能进行拘留或进少管所,所以被警方释放。当他准备返回校园时,同校家长都拒绝让他归校上课。在法律的天网下,作为未成年人的他不承担刑事责任,但是在道德的视角下,他被社会唾弃。

资料链接

哈维·温斯坦

哈维·温斯坦(Harvey Weinstein),1952 年 3 月 19 日出生于美国纽约皇后区法拉盛,制片、导演、编剧、演员,TWC 的老板、米拉麦克斯的创始人。

据统计,他作为制片人和执行制片人的电影 22 次提名奥斯卡,其中 6 次获奖:1996 年《英国病人》、1998 年《莎翁情史》、2002 年《芝加哥》、2003 年《指环王之王者归来》、2010 年《国王的演讲》和 2011 年《艺术家》。而他参与制作和发行的电影有 300 多次提名奥斯卡,捧回 70 多座小金人。

这个案件也同样引起了社会的广泛关注,同班同学对这种超出认知的行为表现了自己的抗拒,同班同学的家长不允许他参加学校教育,村子里的人不敢租借房子给他们家。全社会似乎都在抵制他们一家。

虽然以上两个案件都是法律案件,但都引起全社会的广泛关注。归根结底,是因为这些案件涉及人性中最基本的善与恶,触碰到人们的情感底线,拷问着社会的诚信与道德。

2015 年的 7 月 11 日,吴谢宇杀害了母亲谢天琴。在完成犯罪后,吴谢宇处理了母亲的尸体,以母亲谢天琴的名义借了一笔钱,并在家庭群以自己和母亲一同出国为由,开始了自己的逃亡之路。

这个名叫吴谢宇的年轻人,从小就是人们口中"别人家的孩子",先后考入当地最好的初中和北京大学经济学院。"学霸"是他人对吴谢宇的第一印象。他在课余时间参加各项活动,人际交往能力很强。在父亲去世后,他竟亲手杀了自己的母亲,制造了一场"完美犯罪"。四年后,吴谢宇在重庆江北机场被捕,终逃不脱法网。

知法、懂法是青少年成长过程中的必修课。法治社会,懂得法律知识,并学会用法律手段保护自己的合法权益,是每一个公民应尽的义务和权利。在该案件中,即使外在风光无限的学霸男神,如果触犯法律,依旧要成为阶下囚。

三、网络不是法律的真空地带

关于网络,曾经有一幅形象的漫画:一只狗坐在电脑前敲打着键盘,在对话框里输入内容,而与它聊天的也是一只狗。这幅漫画传递的意思是:在网络空间里没人知道你是一条狗。

虚拟是网络的一个重要特征。网络还带给我们数字化资源共享等便利,但网络也会带来一系列的法律问题。

第一是用户的隐私权被侵犯。许多网站将用户的注册信息或历史搜索信息记录下来。商用时,利用用户的这些信息为用户定制专属的信息栏。当前,我们还不能断言这种"个人定制"是好是坏,但这种泄露用户私人信息的行为实属违法。

近年来,网络直播过程中的侵权问题屡屡被诟病。2015年,斗鱼未经授权直播了2015年DOTA2亚洲邀请赛,被法院判定需赔偿相关公司经济损失

案例链接

泄露信息的某快递公司

某快递公司曾曝出出售10亿条用户信息数据。有网友验证了其中一部分数据,发现所购"单号"中,姓名、电话、住址等信息均属实。按照当时售价来说,用户只要花430元人民币即可购买到100万条个人用户信息,而10亿条数据则需要约43000元人民币。能够泄露如此多用户信息,且准确率这么高,外界普遍认为是该快递公司内部级别较高的工作人员所为。

100 余万元。此外,一些视频网站将街景、商场购物人群作为直播对象,有市民直言:"很多人都介意这种侵犯隐私的行为,公共场所直播难道没人管吗?"

第二是黑客的泛滥。教学、办公、商用系统都是黑客的目标。2006 年的"熊猫烧香"计算机病毒,不但感染了系统中 exe、com、pif、src、html、asp 等文件,还终止了大量的反病毒软件进程并删除扩展名为 gho 的文件。这次事件给社会造成极其不良的影响。这个案件也是中国警方破获的首例计算机病毒大案。

第三是网络色情、赌博和暴力泛滥。长期以来,不少网络游戏频打色情、暴力擦边球,并以此为噱头进行营销,成为荼毒青少年身心健康的网络"精神毒品"。为此,文化和旅游部发出关于加强网络游戏宣传推广活动监管的通知,要求将网络游戏宣传推广活动纳入监管视线。一些直播平台为增加收入,提高平台知名度、活跃度及流量,纵容各类色情、暴力内容的传播。同时,平台的分成制度设计也让主播背负流量、排名、引导用户送礼等各种任务,加大了"出格"表演的概率。

第四是网络诈骗。随着网络的普及,网络诈骗涉及人数越来越多,范围越来越广,资金越来越多。全国各地的诈骗案层出不穷,诈骗手段花样翻新,执法者感到压力巨大。比如,商南县城关镇居民方某于 2020 年 9 月 7 日通过微信与一名陌生男子互加好友,后经对方介绍进入名为"星彩网"的 App 平台进行外汇投资。起初,方某少量投资,赚到的钱还能够马上提现,连续几次盈利后便放松警惕。后来,方某直接投资了 3000 元到该平台上,被告知需要等到第二天才能够提现。等到第二天,又被告知"今天充值与昨天等同金额才能提现和返现"。于是,方某又先后共投资了 9 万余元到该平台,结果却还是无法提现,方某这才意识到自己被骗了。

我国关于网络的法规法条逐年在修改、跟进,就是为了让更多人享受健康网络服务,比如,陆续颁布了《互联网信息服务管理办法》《中华人民共和国电信条例》《非经营性互联网信息服务备案管理办法》《中华人民共和国电子商务法》等。

四、"依法治国"的思想内涵

新中国成立后,特别是改革开放以来,我国的法治建设逐步推进。中国共产党围绕依法治国方略的基本内涵,贯彻实施依法治国方略,将依法治国与党的领导、人民当家作主的关系,依法治国与以德治国的关系,依法治国与依法行政的关系等相结合,完成了对依法治国的理论创新。

邓小平法治思想为依法治国方略的确立奠定了思想和理论基础。党的十五大报告中将"依法治国"确立为党领导人民治理国家的基本方略。党的十八大以来,党中央高度重视法治建设,对依法治国方略的全面推进作出了全面部署,提出了"依法治国、依法执政、依法行政共同推进""坚持法治国家、法治政府、法治社会一体建设"的新思想,对依法治国方略进行了全面升华。有研究者提出:"依法治国就是依照体现人民意志和社会发展规律的法律治理国家,而不是依照个人意志主张治理国家,要求国家的政治、经济运作、社会各方面的活动统统依照法律进行,而不受任何个人意志的干预、阻碍或破坏。"[1] 在中共十九大的报告中,"法治"一词出现了 33 次,"依法治国"一词出现了 19 次,说明习近平总书记十分重视中央领导小组加强对法治中国建设的工作。

"依法治国"是中国共产党领导全国各族人民治理国家的基本方略,依法治国保障了每一个公民的平等权利。社会主义民主制度和法律是不受个人意志影响的,它的根本目的是保障人民充分行使当家作主的权利,维护人民当家作主的地位。"科学立法,严格执法,公正司法,全民守法"是包括青少年在内的每一个公民应尽的义务。此外,国家机关也要完善立法,执法部门要坚决依照法律执法。

---

[1] 胡建淼 . 十八大报告将 "依法治国" 方略提到新高度 . 2012 年 11 月 12 日(http://news.cntv.cn/18da/20121112/106430.shtml).

第三节 伦理道德与法制相伴相随

💡 你知道吗？

2016 年，中共中央办公厅、国务院办公厅印发了《关于进一步把社会主义核心价值观融入法治建设的指导意见》，为社会主义核心价值观融入法治建设提供了思想和政策指引。把社会主义核心价值观融入法治建设，是党和国家全新的理论导向。为此，我们需要推进社会主义核心价值观的制度化、法治化，把制度架构和背后的价值观连接起来，使得我们的核心价值观具有扎实的制度基础和法治基础。这些都标志着社会主义核心价值观建设需要进展到法治境界。法治是"理"和"力"的结合，社会主义核心价值观作为"理"的灵魂，可以为我国法治建设提供价值指引，而这种价值指引同样需要有"力"的保障。因此，社会主义核心价值观须"入法入规"，才能为"入脑入心"提供保障。[1]

---

[1] 王金霞.法治、伦理与信仰.学习时报.2018 年 10 月 29 日.

一、伦理道德与法律是有界限的

伦理道德和法律的作用都是为了规范人的行为。从法律规定和道德标准中,我们可以发现法律和道德都是为一定的政治意义和社会安稳和谐而进行制定、调整的。法律和伦理道德在制定目的、惩罚方式、涉及范围上都是有界限的。

从制定方来看,两者界限在于两种标准制定来源的不同。中国伦理道德较多地被认为来源于古籍《礼记》《中庸》《道德经》等,也就是说伦理道德的制定由德高望重者完成。相比之下,法律则一般是由当时的统治者出于维护国家利益、为统治阶级服务的目的而制定的。法律的存在是为了服务于国家体系和社会稳定。所以,伦理道德只是为了让个人的行为符合当时社会的价值观,而法律的存在是为了保护国家权力体系的完整性。

比如,以网络游戏为例来分析。相关调查显示,我国网络游戏现状并不令人乐观。不少游戏成为传播不良价值观的温床。2020 年 12 月 16 日,中国音像与数字出版协会第一副理事长张毅君在中国游戏产业年会上发布了《网络游戏适龄提示》团体标准。此团体标准分级将中国游戏分为三部分,依次为绿色指示的8+、蓝色指示的 12+、黄色指示的 16+。该标准是在中宣部出版局的指导下,由中国音数协团体标准化技术委员会立项,腾讯、网易、人民网牵头开展。

可以看到,中国的游戏分级制度没有存在较大争议的 18+ 类游戏。而可以肯定的是,随着标准的明确,对于标识符的下载渠道、展示时长、更新频率、尺寸比例等信息都将有明确规范;并规范了以往模糊化的相关标识和提示语使用方法,用来维护该标准的权威性、统一性和实时性。这一标准的出台,对游戏产业的科学管理与对内容的加强审读,也对游戏的良性发展起到了关键作用。

从法律和伦理道德的惩罚机制上看,两者的界限体现在惩罚方式的不同。伦理道德对人类行为的规范是借用社会的舆论压力,而法律对人类行为的规范则直接通过对个体的经济、人身自由、政治权利做出限定,有时甚至会剥夺其生命。而在相关产业管理中,如何集合法律与伦理的力量,是现代治理体系应该研究的课题。

二、伦理道德与法律共建美好社会家园

"国无德不兴,人无德不立。"中国传统儒家思想对于道德的重视不言而喻。党的十八大以来,党中央深刻认识到道德建设对于实现中华民族伟大复兴的重大意义,进一步发扬中国共产党重视道德建设的优良传统,将培育社会主义核心价值观纳入国家治理体系,以此为现代中国人立立"主心骨"、提提"精气神"。伦理道德的社会功能是在社会的大环境下,让人们自律地恪守符合道德规范的行为准则。

法律的社会功能很大程度上是它在社会公共事务中发挥的作用。主要体现在三方面："第一,维护人类生存的基本自然条件,保证社会劳动力的生息繁衍。任何社会、任何国家的法律都要维护基本自然条件以保护人类的生存。第二,促进科技教育事业的发展,维护基本生产、生活的稳定秩序。为了提高生产力水平,提高劳动者素质,就要运用法律兴办教育事业,促进科学技术发展。第三,预防社会冲突,解决社会问题,保全社会结构。"[1]

从伦理道德和法律的社会功能分析来看,它们所适用的背景相同,都是整个社会环境。从功用来看,它们都是一种行为准则,还带有不同形式的惩罚。从目的来看,它们都是为了维护人类生存的基本稳定,维护生产、生活的稳定秩序,解决社会问题。

如果把社会缩小为一个家庭,伦理道德和法律的作用正如母亲的叮咛和父亲的谨言。伦理道德对我们细微的言行进行规范教导,法律的目标是确立社会的稳定秩序,保障生产、生活的正常进行。法律既可解决已经出现的社会冲突或者矛盾,又起到宣传作用,向社会公众告知权利、义务的边界,预防出现社会冲突和矛盾。总体来讲,道德和法律二者相辅相成,共同规范人们的社会行为,维护社会的稳定发展。

在建设社会主义法治国家的进程中,依靠伦理道德可以促使良好社会风尚的形成,使社会成员价值认同感更高,从而达到社

---

[1] 付子堂,胡仁智. 论法律的社会功能 [J]. 法制与社会发展, 1999（4）.

会治理的效果。通过对法律制度的遵守和执行,我们对伦理道德有更深的感悟,更好地去遵守社会规则,从而促使我们的社会生活更加美好。

一个社会的制度环境如何,不仅影响社会的经济、政治运行,而且影响着社会的道德建设。从一定意义上说,社会成员个体道德水平的高低取决于这个制度环境的道德内蕴。从政治制度的视角观察,专制制度是不道德的,因为专制制度的唯一原则就是轻视人类,使人不成其为人。以现代民主制度取代封建专制制度是道德的,原因就在于"民主的道德价值,也是民主本身值得珍视的内在价值,从根本上说,就是使人成为一个完整的人,并尊敬他人为人"。[1] 只有当伦理道德和法律一同在社会里发挥它们的作用时,这个社会才能变得更加健康美好,也只有当它们同时约束人们的行为时,人们才能在平等、健康的社会环境下生活。

三、以德治网与依法治网相辅相成

要想知道以德治网和依法治网的必要性和可能性,我们首先要知道二者之间的区别与联系。

从依法治网和以德治网的关系来说,第一,这两者之间是相辅相成、相互促进的。法律带有权威性和强制性,但是道德却依

---

[1] [德]黑格尔.法哲学原理[M].北京:商务印书馆,1982:46.

靠社会舆论和人的价值判断,依靠人的良知,形成一种强大的约束力量。第二,以德治网和依法治网是统一体。以德治网是以网络道德来规范或约束网络主体的行为,如同我们说的道德用来自律,首先是从自身做起。依法治网是建立、维护、实现网络道德的法律保障。

从社会现实生活看,一方面,只强调网络道德的作用,而没有法律的规范,网络正常秩序就难以维持。只有以法律为保障,才能强化网络道德规范的约束力。另一方面,依法治网的实现在很大程度上取决于提高和改善网络主体的道德水准和社会风尚。"只有通过不断加强网络主体的网络道德建设,强化网络主体的道德意识,提高网络主体的道德素质,才能不断提高依法治网的效果。"[1]

从二者具有相同的社会功能角度看,建立一个有序的网络社会是伦理道德与法律的共同目标。

从伦理道德与法律的源头来看,"美国网络伦理学家戴博拉·约翰逊和斯平内洛在他们的著作中都分别把以边沁和密尔为代表的功利主义,以康德和罗斯为代表的义务论,以霍布斯、洛克和罗尔斯为代表的权利论这三大目前在西方社会中影响最大的经典道德理论,作为他们构建计算机伦理学的理论基础。"[2]上

---

[1] 时海燕.实现依法治网和以德治网 [J].菏泽师范专科学校学报,2003（3）.

[2] 王正平.西方计算机伦理学研究概述 [J].自然辩证法研究.2000（10）.

述的学者都是道德和法理学的奠基人,网络社会是建立在现实社会基础上的,所以有些理论适用于网络社会。另一方面,中国传统的儒家道德思想深深地影响着我们,这也是以德治网的历史源头。

法律是国家百姓安居乐业的重要保障,但法律不是万能的,法律的制定与使用不是让道德失去作用,网络世界的治理需要道德来约束。可以说,同社会治理一样,网络治理也要由法律和道德共同作用,才能更加有力、健康,以弥补依法治网的不足。

第二章
可能触碰的网络伦理道德失范

主题导航

① 网络信息搜索与信息异化

② 造成现实伤害的网络暴力

③ 网络短视频的伦理问题

　　网络时代的信息技术给青少年的生活、学习方式等带来了巨大的影响。网络成为生活的另一空间，并扮演着越来越重要的角色。由于网络具有匿名性、开放性、自由性等特征，它一方面极大地拓展了人类生存领域，为人类进步和人的全面、自由发展提供了机会；另一方面，由网络滋生出的各种伦理失范问题也层出不穷。网络谣言、网络诈骗严重危害人们的生活，甚至危及社会秩序和国家安全 …… 网络伦理失范会造成网络生活的失序，也会冲击真实社会生活的伦理秩序。

　　美国预言家埃瑟·戴森曾说："数字化是一片崭新的疆土，可以释放出难以形容的生产能量，但也可能成为恐怖主义者和江湖巨骗的工具，或是弥天大谎和恶意中伤的大本营。"让我们一起翻开本章，认识网络信息异化、网络暴力等的内涵及危害，提升网络素养。

第一节 网络信息搜索与信息异化

你知道吗？

> 网络信息搜索是当代人需掌握的一项重要信息能力，也是网络检索的组成部分。网络信息检索（Network Information Re-trieval，简称 NIR）一般指因特网检索，即通过网络接口软件，用户在终端查询各地网上的信息资源。这一类检索系统都是基于互联网的分布式特点开发和应用的。

随着互联网的不断发展，网络成为便捷的信息搜索工具与信息发布场所。本节我们重点讨论网络信息搜索是如何一步步地将青少年的各项信息收集到手，同时又不断将各种虚假、低俗的异化信息输送给青少年的。

一、网络信息搜索的优势与危害

网络是信息搜集的优质工具，青少年可以通过它高效有序地在海量信息中筛选出所需内容，节省人力和物力，但通过网络也可搜索到大量的个人信息。若这些个人信息不能被正确使用,会成为网络暴力的帮凶,有可能不仅仅是网络伦理道德失范,还会侵犯他人的隐私权,从而触犯法律。

（一）你了解网络信息搜索吗

网络信息搜索,是指用户通过与信息检索系统交互从而有目的地搜寻相关或重要的网络信息的行为。它是一种带着明确主观目的的行为,即用户以明确的信息需求目标为向导借助专门的信息检索工具,使用特定的信息检索语言以获取所需信息的活动。这种提问式的检索行为可以得到精准的搜索结果。

搜索行为起源于信息需求。在信息化时代,信息本身就是一座内涵丰富的宝藏,如何对这座宝藏进行挖掘体现了网民的信息素养。网络信息搜索正是这样一个挖掘和提炼信息的重要工具。借助于这个工具,网民可以轻松知晓世界各地发生的事情,也可以找到陌生人的身份信息。

从搜索引擎,到专门的搜索软件、网站导航,设备和工具的进步提高了信息搜索的准确性和高效性,也让网民逐渐养成了一种依赖。"有问题,找网络"已经成为年轻人的一句口头禅。这足以看出当下青少年对于网络搜索的依赖与信任。不管是日常生活,还是学习、休闲,大家如果遇到任何不懂的事就会上网搜索,网络成了真正的"答案之书"。

青少年处于从童年到成年的过渡阶段,这个时期的孩子极易受到外界干扰。他们情绪高涨、求知欲极强,便通过网络进行各种信息搜索活动。同时,青少年的自我控制能力和自我调节能力不如成年人,很容易对网络搜索产生依赖心理。

(二)网络信息搜索可能带来隐私暴露问题

你发现了吗? 当你搜索某一件商品之后,浏览器弹出的都是相关的商品的广告。当你借助搜索引擎搜索作业之后,总会收到各种各样辅导课程的弹窗广告。在大数据画像日趋成熟的今天,这样的情况早已是普遍现象,互联网搜索的种种信息都成了用户画像中的一笔。通过搜索信息的类别,网民的年龄、性别,甚至是所在学校、家庭住址、兴趣爱好等个人信息都能够被轻易"画"出来。

借助于大数据、云计算,我们似乎获得了更加"通人性"的信息服务模式,但是另一方面,我们的个人信息也在不断暴露在网络中。

二、戴着"假面"的异化信息

网络作为信息载体,超链接功能承载了海量的信息,丰富的文字、图片、视频等让网民感受到了上网冲浪的快感。在网络上,我们不仅可以看剧、搜图,还可以阅读、查资料。只需要动动手指,就会有现成的答案。但是现实真的有这么美好吗? 英国有句谚语说得非常精辟:"Every coin has two sides."(每个硬币都有两面)自然事物也具有它的两面性,青少年如不擦亮眼睛辨别这些虚假信息或"三俗"信息而盲目接受,就很容易做出有悖于网络伦理道德的行为。

（一）虚假信息

网络虚假信息主要指的是行为人借助于网络媒介发布的虚假的、捏造的不实信息。这些信息或无中生有，或添枝加叶，或偷梁换柱，都是与客观事实不符的信息。

网络上虚假信息泛滥早已不是新鲜事。网络作为一个开放的交流平台，伴随着网络技术的不断发展，信息处理和传播手段越来越复杂多样。传播者往往会利用网民的好奇心和从众心理，披着"独家""机密"的外衣，使得信息的"外包装"越来越复杂，真实性也越来越难以辨别。此外，由于网络的公开性、匿名性以及复杂性，网络信息变得更加难辨真假，虚假信息才得以在网络平台中被广泛传播。

网络虚假信息主要涉及人们的日常生活，比如教育公平、物价高涨、住房医疗等。与大众生活息息相关的话题更容易引发关注。个别人或个别组织，为了博取关注发布虚假信息。

对于青少年来说，要想避免网络虚假信息的影响，首先，要选择正规的信息获取渠道。如尽量选择有规范信息管理制度的大型网络平台。其次，避免私域信息的影响。目前，互联网正全面进入"私域流量"的存量时代。私域流量在一定程度上可以规避平台的审核，所以可能成为虚假信息的"泛滥区"。最后，要提升自身的信息辨别能力，包括拓展自己的知识面，与相关领域的专家交流，扩大信息获取渠道，并将相关信息进行对比。

报道链接

虚假信息泛滥原因知多少

针对网络虚假信息的日益泛滥，深圳乐思舆情监测中心总结了以下几个原因：

1. 利用网络发布虚假信息成本低、方便自由、监管难度大。自媒体时代人人都有麦克风，网民可以通过发文、微博等形式在网络上自由发布信息。而网络的匿名性又使得发布网络虚假信息承担责任的风险降低，这些都促使网络虚假信息肆虐。

2. 信息源多元化，难以从源头上遏制。网络技术的发展，推动了网络媒介信息发布平台多样化，各类媒介信息平台提供及时发布、及时分享的功能，使得信息发布不受空间和时间限制，甚至可以通过推送功能向外强制传播。这既为网络虚假信息的传播提供了生存的土壤，也增加了管理部门对网络虚假信息的监管难度。

3. 网络传播流量大、交互性强，私欲助长网络虚假信息的扩散。当前，由于互联网管理缺陷，对信息发布的监管还难以做到完善、全面和有效。一批批操控网上舆论的"水军"和"网络打手"，因为追逐非法利润不断制造和传播网络虚假信息。

4. 相关立法相对滞后，也使得网络虚假信息有了可乘之机。虽然相关法律法规正在完善，但目前尚没有一部完整的规范网络信息传播的法律。目前已经出台的网络法规尚存在等级低、效力有限、使用上有立法空白等弊端，这些就成为网络虚假信息传播的灰色地带。

5. 多头管理，削弱了网络虚假信息的监控效力。从目前实际运作来看，信息产业办管接入，国务院新闻办管内容，公安部门管处罚，这种多头管理现象使展开常规性网络虚假信息监控活动难以推进。

（来源 www.knowlesys.cn）

（二）"三俗"信息

网络"三俗"信息，主要指的是行为人利用网络这一传播媒介传播的低俗、庸俗、媚俗的信息。其中，低俗信息主要指的是一些低级、不文明的内容，如脏话、暴力内容等；庸俗信息主要指平庸粗俗、没有内涵的内容，包括一些无聊的视频、图书等；媚俗信息主要指过分迁就、迎合受众，为了自身的短期商业效益而不顾社会责任的内容，比如网络中一些夸大其词、吸引眼球的文章、色情内容等。

"三俗"信息对自制能力较差的青少年身心健康影响极坏，容易诱导青少年做出不计后果的行为，形成畸形的人生观、价值观和世界观。所以，"三俗"信息的泛滥，不仅有悖于网络伦理道德，损害网络环境的健康发展，更会影响公众的现实生活。

（三）色情淫秽信息

色情淫秽信息,是一种典型的网络异化信息。我国《刑法》《全国人大常委会关于惩治走私、制作、贩卖、传播淫秽物品的犯罪分子的决定》等法律法规,将淫秽物品界定为具体描绘性行为或者露骨宣扬色情的淫秽性的书刊、影片、录像带、录音带、图片及其他淫秽物品。《关于认定淫秽及色情出版物的暂行规定》等法规、《互联网站禁止传播淫秽、色情等不良信息自律规范》等行业自律规范文件,对什么是淫秽、色情信息作出了更加明确和详细的界定。

我们在浏览一些网页时,经常会弹出一些含有淫秽、色情图片的弹窗,这些弹窗的内容都十分露骨,而且往往会链接到一些色情网站,更甚者还会包含各种网络病毒。各种直播 App 和网站网页的直播者肆意传播淫秽表演和色情影视制品,以获取巨额打赏;有的交友 App 会对青少年提供带有性暗示、性诱惑的内容,更有甚者会公开贩卖各种色情文字和图片影像制品。色情淫秽信息主要通过建立色情网站,通过电子邮件、手机短信等途径传播,与其他色情网站建立链接,利用互联网组织介绍卖淫嫖娼等。

青少年好奇心强,所以很容易受到这些色情图片、影像的影响。轻者影响到其正常的学习,严重者会产生各种模仿行为,违背道德底线,触犯法律法规,所以网络色情淫秽信息的传播是一种严重的网络伦理道德失范。为此,2019 年 1 月,国家网络安全和信息化办公室启动的网络生态专项行动中,网信办联合有关部门展开了各种违规手机 App 的清理整治专项行动,依法关停下架"成人约聊""两性私密圈""澳门金沙""夜色的寂寞""全民射水果"等多款涉黄涉赌、诱骗诈骗类 App。

大到互联网平台内容把关,小到网络游戏和广告监管,任何色情信息都是专项行动整治的重点。

(四)网络暴力信息

网络暴力信息也是影响青少年健康发展的主要因素之一。网络暴力信息是指由网民发表在网络上的具有诽谤性、诬蔑性、侵犯名誉、损害权益和煽动性等特点的言论、文字、图片和视频。它对当事人的名誉、权益与精神造成损害,不仅打破了道德底线,往往也上升为侵权行为和违法犯罪行为,亟待通过教育、道德约束、法律等手段进行规范。

1. 网络视频中的暴力信息

电影、电视剧等网络视频是青少年接触暴力信息的主要来源之一,尤其是男孩偏爱的英雄题材。故事中的主角往往是全程"刀光剑影",才能过关斩将,获得胜利。所谓"反派"更是各种暴力血腥的动作"信手拈来"。这些视频以英雄的立场抬高了暴力行为的正义性,忽略了暴力行为被青少年学习和模仿后带来的破坏性。

2. 网络游戏中的暴力信息

网络游戏的使命是通过互联网服务中的网络游戏服务,提升

"盗惑仔"引诱学生犯罪

年仅 16 岁的女中学生露露一次偶然得知有个低年级的学生在背后说她坏话,于是她喊了几个朋友,不分青红皂白地把那个骂她的女孩暴打一顿。同时,另外一名年仅 18 岁的女生燕子参与了 5 起抢劫案件,抢钱近 5000 元。当别人问她们为什么要这么做的时候,她们竟然回答说:"当班长、当学习尖子生,远远不如当大姐大来得威风啊!"提起用打架的方式来解决问题时,她们说自己看到电视、电影里面的那些人,有了冲突和矛盾都是用打架来解决的。她们觉得这样很酷。对青少年来说,生动有趣的电影情节远比枯燥的书本和家长的说教来得有意思多了。她们喜欢看电影、电视,久而久之也受到了影视人物的影响。她们看到那些电影中的"大哥"都是用打架来处理矛盾的,便觉得这才是有个性的表现。那些动不动就报警、找老师家长的都是"小喽啰"。

在很多电影、电视当中,所谓"大哥""小弟"一有矛盾就"约架",自以为是有个性的表现,提着一把刀或者斧头就可以冲上街头与人决斗。在电影中,他们都是敢爱敢恨的英雄角色,但这些角色却给青少年做了不好的行为示范,使得爱看这类电影的学生开始有意识地模仿他们的行为,最终造成不好的社会影响。大量的不健康网络视频内容已经成为我国青少年犯罪的主要原因之一。相关部门必须立即采取行动,清除网络视频中的不良信息,为青少年树立正确、健康的行为示范。

全人类生活品质。对青少年来说,网络游戏是在繁重的课业之余放松心情的工具,可以让他们的生活更丰富。与此同时,网络游戏也是当下青少年进行社交互动的方式之一。很多青少年在游戏中都会加入一个"战队"或者"帮派",其成员或许是现实生活中的朋友,也可能是素未谋面的陌生人。不管是哪一种,他们都可以在网络游戏中一起"出任务"。

网页中各种网络游戏的广告弹窗,如"史诗剧情造就魔幻格斗巨作,超强度打击视觉冲击""全民暴力爆屏,3D 重格斗全民狂欢今日火爆开启""10 款重口味 PC 游戏,别样的暴力美学,一起来玩吧"等以暴力作为游戏卖点的宣传语多如牛毛。

网络游戏中的暴力信息可以带给玩家游戏快感,适合释放压力时玩一下,但有些暴力游戏,如枪战、打怪、对战、射击过于血腥,处在价值观塑造关键时期的青少年长期在网络游戏中接触暴力、血腥信息,很容易将现实与网络世界相混淆,进而产生角色混乱,对他们的心理健康造成很大的危害。

3. 网络小说中的暴力信息

网络小说也是青少年接触暴力类信息的主要途径之一。如果说网络视频是通过动作、声音等直观可感的形式传播暴力信息,那么网络小说则是通过语言让青少年沉迷其中。

小说的暴力情节虽然不能给青少年带来如视频、影像等直观感受,但青少年借助行动来验证文字所描述的暴力行为的冲动,也是非常危险的。

不管是网络视频、网络游戏还是网络小说,其中所包含的暴力信息对青少年养成正确的价值观和人生观都有极大的破坏力,必须引起足够的重视,及早排查和教育,才能进一步保障青少年的心理健康。

第二节 造成现实伤害的网络暴力

💡 你知道吗？

网络赋予了网民自由发声、自由搜索的权利,每个人都拥有"话语权"和"知情权"。但话语权和知情权的滥用,又很容易引发一系列违背网络伦理道德的行为,形成网络暴力。

一、何为网络暴力

网络暴力,是一群有一定规模、有组织或者临时组合的网民,在"道德""正义"等正当理由的支撑下,利用网络平台向特定对象发起的群体性的、非理性的、大规模的、持续性的舆论攻击,以造成对被攻击对象人身、名誉、财产等权益损害的行为。[1]

网络暴力与现实中的打架斗殴不一样。它大多借助于网络世界的语言文字、图片、视频等对当事人进行伤害。这种伤害看起来不会直接造成身体的损伤，却会给当事人带来心理上的摧残与打击，严重违背网络伦理道德。

网络暴力往往是借助于网络搜索形成的。网民个体在某一项事件中因为一致的观点和态度集合成群，群体之间通过网络和网络搜索进行沟通交流，一次次地挖掘出与"本家"观点相符的信息，并以此为依据展开讨伐和攻击，最终演变为一场声势浩大的网络暴力事件。

二、网络暴力的"小伎俩"

网络快速发展，网络暴力现象也日益增多。尤其是在近年，随着我国互联网技术的发展，网络普及程度不断提高，智能手机被普遍使用，我们接入网络的方式越来越多，这就意味着我们可能遭受的网络伤害的途径也越来越多。

（一）谩骂、攻击为主的网络语言暴力

语言暴力是网络暴力行为中最常见的一类。在现实生活中，很多人不可避免地会说脏话。在网络这样一个具有匿名性和开

---

[1]　张瑞孺 ."网络暴力"行为主体特质的法理分析 [J]. 求索,2010（12）.

网络暴力现象

放性的社交平台上，更多人一有不满就开始爆粗口。网民之间如果遇到观点不合或是有其他矛盾的时候，有可能对对方进行语言上的辱骂和攻击。

谩骂、攻击为主的网络语言暴力在很多社交网站上随处可见。这些粗俗、恶毒的语言不仅给当事人的身心造成伤害，也助推了网络暴力的扩散，增加了网络暴力的危害。

报道链接

网络语言暴力伤害究竟有多可怕 [1]

如今，网络已深深融入人们的生活。由于网络空间的虚拟性，人们使用网络语言更为主观、随意，网络语言暴力随之出现。蔑视侮辱、恶意攻击、谩骂泄愤、散布谣言等，都属于网络语言暴力的范畴。网络上的语言虽听不见，却如刺刀般字字扎心。您可曾想过，有时候一句无心的话，就能让人落入痛苦深渊、精神崩溃？

司空见惯：攻讦谩骂、肆意评论并非个例

近日，《人民日报》微博发布了一条名为《一段测试告诉你，语言的杀伤力到底有多可怕》的视频。该视频一经发布就引发了网友的热烈讨论。在该视频中，有20名路人来模仿网络暴力的实施者，通过手机对吧台女、文身男、Cosplay（角色

---

[1] 李偲偲.网络语言暴力伤害究竟有多可怕.2017年9月30日.

扮演）女这三位有着极为鲜明的个性形象的嘉宾进行实时点评。结果，在他们的点评中出现了大量的"交际花""脑残"这样的侮辱性词汇。当他们在网络上发布的评论被放到了现实世界中的时候，三名被点评的嘉宾愤然离席。在这一段视频当中，被网络暴力者点评的 Cosplay 女在看完他们的评价之后表示："当这些语言上的暴力行为没有真正地发生在你自己身上时，你可能会觉得这没什么了不起的。但是只有你亲身经历过之后才会知道，这需要花费很多时间才能消化。所以，你在网络空间中某些肆意的点评就会给他人造成无法磨灭的伤害。"

深受伤害：微博记录生活感受被"喷"

市民小捷对网络语言暴力带来的伤害深有体会。5 年前，她考上一所四川的大学，入学后有一些不适应，特别是学校的饭菜不合口味，大部分都是麻辣味道，她吃不下饭，特别想家，几乎每天都要打电话回家。小捷把自己的感受写在了微博上，没想到，一些人看了微博后留言说她太娇气，有的说她是一个懒惰的姑娘，以后会嫁不出去，有的说让她赶紧找一个男朋友，让男朋友帮她洗衣服……小捷看了这些留言，气得睡不着，饭也吃不下。辅导员了解情况后，马上开导小捷，并让学校网络管理员把一些不文明的评论删除掉，且设置为须实名才能进行评论。

丑照被传上网遭吐槽，自信心很受打击

念初中的小然因同学的一场恶作剧，陷入了深深的痛苦中。小然长相平平。有一次，同学用手机拍了一张她的照片，觉得她的样子挺逗的，就把照片发到了朋友圈中，并配上了文字"很难看"。照片一发出，评论的人很多，有不少人吐槽："真难看。"

"难看"二字虽不是什么恶毒字眼，但对小然的伤害却很大，自信心深受打击。她不敢上学，吃不香睡不好，躲在房间里哭。后来，在老师的建议下，小然的父母将她带到专科医院做心理检查。医生对小然进行了心理疏导和抚慰，并给她开了抗焦虑药物。一周后，她的焦虑、抑郁状态才慢慢消失。

令人感受压力，严重者或引发精神疾病

广州市第二人民医院副院长、心理卫生研究所所长、主任医师骆焕荣接诊过不少遭受网络语言暴力的个案。他说，世上有些语言最恶毒，有时语言暴力比身体暴力造成的伤害要多很多。

骆焕荣说，网络语言暴力的产生有时是出于个人观点，比如个人的愤怒心情，或是偏见、故意、发泄等。很多人喜欢把自己定位为"道德判官"。在不一定切合实际的情况下，他们带着情绪，针对一些人或事，在网上发表意见。这些意见可能让当事人感到无形的压力、监视力、监控力，导致陷入彷徨不安、焦虑、抑郁的状态，甚至产生轻生的想法。网络语言暴力还可能对人造成生理上的影响：使人吃不下、睡不好，摧残自信心，引发高血压、高血糖。持续时间长了，可能引发精神疾病等。

承担后果：在网上发表不当言论或需承担法律责任

在网络上使用语言，从法律角度来说需要注意什么？广东宝晟律师事务所实习律师黄明珠说，在网络上发表不当言论可能侵犯他人的隐私权、名誉权,情节严重的,甚至涉嫌侵犯公民个人信息罪、侮辱罪和诽谤罪。

公民日常发表言论应当注意以下两点:首先,不得使用侮辱、诽谤他人方式发表言论。公民发表的言论不得使用侮辱他人的词汇或者捏造事实诽谤他人,否则侵犯他人的名誉权。其次,发表言论侮辱、诽谤他人情节严重的,将涉嫌构成侮辱罪和诽谤罪。将从他人处获取的公民个人信息发布在网络上,也侵犯了他人的隐私权。

如何处理:留存证据维护自身权益

从心理层面来说,该如何看待、处理网络语言暴力呢?骆焕荣说,要弄清楚网络语言是否针对自己,因为有些语言可能是泛化的,如果与自己无关则不必在意;分析这些语言背后的目的性、是否有事实根据;评估对自己的影响,跟亲朋好友商量如何解决,把所有语言伤害降到最低点;避免自己对号入座,盲目对骂、跟风;事后检讨自己,在工作、生活中有无他人谈及的问题,进行反思,努力做好;不幸出现应激反应时,尽快到专业医院寻求治疗。

从法律角度来说,黄明珠提醒,遭受网络语言暴力时,应当首先将他人的不当言论保存下来(可截图等),必要时对他人发表的不当言论证据做公证,增强证据的公信力。及时联系侵权人及网络服务平台,要求删除侵权言论,停止侵权行为,避免扩大影响。必要时候,向法院提起诉讼,利用司法制度维护自身权益。

（二）歪曲、嘲讽式的网络图文暴力

网络信息传播形式的多样化也带来了网络暴力形式的多样化。近年来，以图片、视频为主要表现形式的网络暴力尤其多见。在图片处理技术普及的时代，照片处理技术似乎成为年轻人的"必备技能"。但有时候你认为"仅仅是为了好玩"而用"黑图""丑照""表情包"等形式丑化身边的朋友、网上的陌生人，也有可能演变成一种网络暴力！

资料链接

表情包

表情包是一种运用图片来表达感情的方式。在移动互联网时代，人们以时下流行的明星、语录、动漫、影视截图为素材，配上与图片相匹配的文字，用以表达特定的情感。随着表情包在社交软件的盛行，其已成为一种流行文化。

网络视频也是网络暴力传播的主要形式之一。和图片处理一样，别有用心者会通过对视频的剪辑和处理、后期配音等方式将当事人的视频或者照片剪辑成一个具有某种倾向性的视频，对当事人进行侮辱和攻击。随着抖音、快手等网络短视频的流行，网络上涌现大量宣扬"以暴易暴"主题的短视频公众号，其视频内容充斥暴力、粗口，很容易对青少年产生误导。

不管是图文还是视频形式的网络暴力，都借助于网络技术和网络平台对当事人的形象进行诋毁和侮辱，或者对当事人进行恐吓，使当事人心理遭受打击和摧残。青少年一旦遭受这种网络图文暴力,往往会产生一种极度自卑、高度紧张的情绪,甚至自我封闭,这会对正常生活和学习工作造成影响。律师表示,法律明确禁止传播暴力信息,此类视频虽然冠以"公平正义""惩恶扬善"之名,实质是以暴易暴、宣扬暴力,已经触犯法律,同时网络运营者应当加强对其用户发布信息的管理,承担起监管、审核责任。

(三)恶意的网络欺凌行为

网络欺凌是指人们通过互联网做出的针对个人或者群体的恶意、重复和充满敌意的伤害行为。网络欺凌行为更像是前面几种形式的网络暴力的集合体,对青少年伤害更大。

网络欺凌主要是通过语言文字、图片视频等暴力行为的恶意重复对其他网民进行侮辱、孤立、诽谤和攻击。当下,我们早已习惯在各大社交软件之间来回切换,欺凌者也主要是通过电子邮件、交友网站、在线游戏、即时消息、微博评论等途径对被欺凌者进行攻击和嘲弄。遭受网络欺凌会对青少年造成巨大的心理伤害,甚至影响到个人的身心健康发展,这不仅仅是一种严重的网络伦理道德失范,有时甚至已经触犯法律法规。

(四)难以把握界限的网络人肉搜索

人肉搜索是一种以互联网为媒介,部分基于人工方式对搜索引擎所提供信息逐个辨别真伪,部分又基于匿名知情人提供数据的方式搜集关于特定的人或事的信息,以查找人物身份或者事件真相的群众运动。人肉搜索造就网络爆红现象的同时也会带来如人身攻击等负面影响。

案例链接

18岁高中生因网络欺凌选择轻生

2016年12月16日，美国得克萨斯州一名18岁的高中生布兰迪在家里自杀，结束了自己年轻的生命。而她选择轻生仅仅是因为多年来网络上一直有一群人拿她的体重开玩笑，并且以她的体重为由头恶意捉弄她。虽然布兰迪的家人多次报警，却都无济于事。而布兰迪的父亲表示，他不会就此罢休，将采取行动，将这些人绳之以法。得克萨斯州警方同时表示，由于网络上的留言都是匿名的，他们目前无法查到这群"匿名人士"的真实身份，所以也无法进行整治和处理。布兰迪选择自杀的那一瞬间，原本幸福温馨的家庭只剩下了鲜血与悲痛，花一样的年纪却早早地步入了人生的终点，家人的伤痛也永远无法抹平。而这一切，都是由于网络欺凌所造成的。

人肉搜索最早起源于猫扑网：当有人想要获取某一方面的信息时就会将任务发布到猫扑网上，知道相关线索的人会来领取任务，在完成任务之后会得到一定的 Mp（猫币）。这种悬赏机制慢慢就演变成了后来的"人肉搜索"。

但同时我们还应该认识到，人肉搜索与我们平常所用的搜索引擎大有区别。它更多地借助于人工参与来获取更加准确的信息，也就是通过网络上跟其他人的共同参与来搜索自己想要的信息。这种搜索方式强调的是一种集体的智慧,相较于原来的单向搜索方式更加精准。但是如今人肉搜索却变成了查询他人隐私的工具,存在着一系列窥探、泄露他人隐私,侵犯名誉权的问题。

人肉搜索到底是利器还是毒药,要视其程度和所造成的结果区别对待。可以说,人肉搜索有时的确是舆论监督的一把利器,有时甚至可以被看作是一种网民主导的监督方式,因为它可以对违背社会道德的行为、人物起到威慑作用,尤其是在一些反腐、违法案件当中其舆论监督作用更为突显。但是,人肉搜索过程当中掺杂了太多个人的主观感情和情绪,不顾当事人的隐私权和名誉权,不把当事人的个人信息全部挖出就绝不善罢甘休,这种所谓"代表正义的讨伐"便显得冲动而过激,在这个层面上,人肉搜索绝不是"天使",而是"魔鬼"。我们必须承认,合理而正确地利用人肉搜索,有助于维护社会公正,但是这种人肉搜索一旦被别有用心的人利用,就很容易变成一场大众宣泄情感的闹剧,也会对当事人造成难以弥补的伤害。

三、网络暴力影响青少年成长

网民年轻化是网络发展的大趋势。随着网络门槛的降低以及上网设备的普及,我国青少年接触网络的年龄逐年降低。青少年心智尚未成熟,信息辨别能力和自我保护意识较差,很容易成为网络暴力事件的参与者和网络暴力的受害者。有专家在对我

"丁锦昊到此一游"事件

2013年5月24日的一天晚上，一名网友在微博上发了一张拍摄于埃及卢克索神庙的照片。在该照片中，卢克索神庙中的浮雕上刻有一排"丁锦昊到此一游"的中文。该网友在发布照片的同时还输入了一段文字："在埃及最难过的一刻。无地自容。"

此条微博一出，很多网民义愤填膺，声称这是将中国人的脸丢到了国外去，并且将这件事归为国民性的恶劣。于是，他们将自己的愤怒完全转移到了这位刻字的少年身上，并且对他进行了人肉搜索，随意公布这个未成年人的信息，甚至愤怒地黑掉了丁锦昊就读过的小学的网站。事后，南京媒体进行了相关报道，丁锦昊的父母在第二天就通过相关媒体向公众发表声明道歉称："我们向埃及方面道歉，也向全国关注此事的人们道歉。"孩子的父母表示，自己的孩子已经深刻地意识到了自己的错误，也恳请公众能够再给孩子一个机会，让他能够积极地改正自己的错误。

一群网友把矛头指向了一个心智尚未成熟的孩子，仅仅是坐在家里动动键盘就捍卫了他们心中所谓的"正义感"。虽然丁锦昊在古文物上刻字的做法的确需要批评教育，但是一群义愤填膺的网友自发组成的"讨伐小组"采用人肉搜索的方式随意公布未成年人信息，甚至用技术手段黑掉其就读过的小学，这也是一种性质极为恶劣的行为。

国网络暴力的主要年龄、性别展开调查之后发现,我国青少年是实施网络暴力和遭受网络暴力影响最大的群体之一。

（一）网络暴力对青少年影响大

据 2018 年《中国青少年互联网使用及网络安全情况调研报告》显示,遇到过网络欺凌的青少年比例高达 71.11%,其中以网络嘲笑和讽刺、辱骂或带有侮辱性的词汇形式的比例最高。

调研报告显示"当作没看见,不理会"是青少年最常见的应对方式,但引发关注的是,遭受到网络暴力的青少年虽多不理会,但由于恐惧心理也不敢向他人倾诉,只能自己承受,这就加剧其心理压力。这种恐惧和无助会直接影响其现实生活。因此,遭受网络暴力的青少年会出现注意力不集中的现象,对人际交往产生抵触心理,拒绝和他人沟通交流,厌倦学习,甚至厌倦生活,严重影响青少年的心理健康。

（二）青少年如何应对网络暴力

我们必须认识到,以侮辱性、煽动性、攻击性、不实性、诽谤性为主要特征的网络暴力已经在我国青少年群体中广泛存在。近年来,网络暴力还伴随着各种不雅图片及视频,网络暴力借助于网络这个载体将其对青少年群体的伤害不断放大,已经严重威胁到青少年的健康成长。那么,面对网络暴力,我们应该如何来保护自己呢?

1. 要学会积极沟通,主动寻求帮助

青少年心智上还不够成熟,不具备独立处理重大事情的能力,所以,在遭遇网络暴力时,首先要寻找合适的对象说明发生的事件。可以是家长、老师,也可以是自己的朋友,必要时可以向警察寻求帮助。这样做不仅可以排解内心的郁闷情绪,也可以请成人协助解决问题。要牢记:遇到问题,寻求帮助比独自承担有用得多。

2. 树立健康上网意识,养成良好的上网习惯

要避免遭遇网络暴力,最重要的是树立健康上网意识,养成良好的上网习惯,如不浏览暴力、色情网站,不轻易泄露个人信息。要有责任意识,注意分辨信息的真伪。只有这样,才能更加安全地使用网络。

3. 终身学习成长,提升网络素养

随着网络暴力事件的增加,青少年要主动学习相关知识,如了解什么是网络暴力,如何应对网络暴力,以及在受到网络暴力后如何维护自己的正当权益等。学习关于"如何避免网络暴力"等知识,可以为自己在网络世界中打造一套坚硬的"盔甲"。

 案例链接

电影《社交恐惧症》——键盘侠的"暗杀"

网络时代下,关于网络暴力和人肉搜索的事件数不胜数。韩国曾上映了一部名为《社交恐惧症》的电影。这部电影讲述了网络暴力和人肉搜索。这里的"社交"指的是"社交网络"。这部影片很直观地反映了网络暴力和人肉搜索对青少年造成

的巨大伤害和严重后果。

《社交恐惧症》是由洪锡宰执导，卞耀汉、李柱昇主演的一部剧情片。该片主要讲述了正在准备警察考试的智勇和勇民因为一场网络直播而卷入了一个女孩的自杀事件，两人因此受到怀疑而开始追查事件背后真相的故事。

电影当中，女孩闵荷英（河允英饰）因为在网络上对一个自杀的军人以及其他男性发表刻薄的评论而成为公众的敌人。SNS上针对她组织了一场"魔女狩猎"活动，对她进行人肉搜索和网络攻击。闵荷英因此每天被网络暴力所折磨，根本无法正常生活，最终，在网友到她家附近叫嚣和直播时，选择用上吊的方式结束了自己的生命。

另一视角下，正在准备警察考试的智勇（卞耀汉饰）和勇民（李柱昇饰）也参与了这个"魔女狩猎"活动。一群人通过人肉搜索追查到了这个女孩在现实生活中的身份。他们一起前往女孩家中，并且将这一过程通过网络向广大网友进行直播。但是没想到，当一群人浩浩荡荡地赶到女孩家中时，女孩已经死了。而随着人群一起前往女孩家中的智勇被怀疑与女孩的死亡有直接关系,他的前途也因此受到了影响。他们不相信是自己的行为让女孩产生了自杀行为,坚决认为这是他杀,因此不得不和参与"魔女狩猎"活动的其他几个年轻人开始追查事件背后的真相。在追查过程中,他们不断陷入新的网络暴力当中。最后,警察考试生中也有人成了网络暴力的受害人,走上了自杀之路。

这可以说得上是一场由网络暴力和人肉搜索所引发的"杀人事件"。女孩因为在网络上发表了挑衅的言论就被视作"全民公敌",一群网友群情激奋地对她进行了主观的道德审判,并且通过网络搜索获取了她的个人信息,每天都在网络上对她进行讨伐和攻击,严重干扰到女孩的生活和学习。网友们甚至都不清楚事情的来龙去脉就开始跟着大多数人起哄,他们的口诛笔伐看似只是动动键盘的小事,却在无形当中成了将女孩推向死亡的刽子手。

第三节 网络短视频的伦理问题

 你知道吗？

　　短视频是一种互联网内容传播方式，一般在互联网新媒体上传播的时长为 30 分钟以内的视频。短视频主要依托移动智能终端实现快速拍摄和美化编辑，借助社交媒体平台实时分享和无缝对接。其本质是现代影视与现代媒介相结合的有机体，具有大众媒介属性。截至 2020 年 6 月，我国网络视频用户（含短视频）规模达 8.88 亿，较 2020 年 3 月增长 3777 万，占网民整体的 94.5%。其中短视频用户规模为 8.18 亿，占网民整体的 87%。由此可见，移动短视频已成为全民追崇的主流热潮。各类移动短视频平台先后出现，即时拍摄、即时分享、长度短小、形式多样的特点，使其步入寻常百姓家，丰富了社交表达形式，降低了技术门槛。抖音、快手和美拍等移动短视频平台更是成为"微时代"最有影响力的微艺术主力军。

一、网络短视频的兴起与发展

2005 年,美国的 You Tube 网站就以 "Broadcast Yourself" 为口号创建了一个专门分享视频的社交网站。在这个网站里,用户可以自行上传生活中拍摄的短小视频,也可以观看或者下载自己感兴趣的短片。这些短视频上传者大多没有高超的拍摄技巧和剪辑技巧,但是他们拍摄的东西却极具趣味,因此吸引了大量用户上传和分享。You Tube 也得以成为目前全球最大的视频分享网站。

随着 You Tube 网站的走红,Facebook、Twitter 等社交网站也纷纷建立了短视频社交的理念,为自己赚得了大量的流量和忠实用户。

随着新媒体时代的到来和深化,我国新媒体平台不断扩大,产品更加丰富,短视频平台也以爆发式增长态势相继涌现。

2019 年数据显示,抖音和快手的用户规模遥遥领先,百度好看视频、腾讯微视等位居第二梯队。抖音、快手、好看视频瓜分了近七成短视频新增用户。

2019 年 11 月,中央广播电视总台 "央视频" 5G 新媒体平台正式上线 。它成为第一个 "视频社交主流媒体"。"央视频" 以短视频为主,兼顾长视频和移动直播,对泛资讯、泛知识、泛文体三大品类,进行优质社会资源整合。主流媒体的加入,有可能扭转短视频平台的竞争格局 ,引发新的行业变革。[1]

---

[1] 王娇,杜纯 . 短视频平台的现实困境与发展对策 [J]. 新媒体研究 . 2020（21）。

短视频自诞生之初就深受青少年喜爱,其快速发展更是吸引了越来越多的青少年加入。可以说,当前这一代青少年既见证了短视频的迅速崛起,也成就了短视频的迅速崛起。

二、网络短视频是公共领域与个人舞台的融合

当代最有影响力的思想家尤尔根·哈贝马斯将18世纪欧洲的咖啡馆看作是公众可以自由讨论的"公共领域"。在这里,公众可以自由发言,每个人都有表达观点、说明态度的权利。在现代社会中,网络就是这样一个"公共领域"。在网络世界里,每个人都充分享有话语权和表达权。他们可以通过网络随时随地发表言论、表达观点,也就是说"人人都有麦克风"。

短视频平台给用户提供了一个自我展现的舞台。他们精心拍摄和制作涉及美食、风景、萌宠、搞怪等多个领域、内容丰富的短视频上传到平台上,其他用户在浏览的过程中对自己喜欢的视频点赞或者评论,激励视频上传者用心制作更多有趣的视频,以获得更多人的认可和点赞关注。

网络短视频为用户提供了一个自由发言、自由展示的"公共领域",同时也给用户提供了一个表现自己、推广自己的"个人舞台"。这两个场域相互交织、相互融合,给用户提供更好的娱乐体验,也为短视频平台赢得了更多的忠实用户,网络短视频行业得以蓬勃发展。

三、网络短视频对青少年成长的影响

2018年,中国传媒大学传播研究院教授、博士生导师张开在黄山市黟县碧阳小学深度访谈了53名12—13岁的学生,发现短视频在小学高年级学生中很受欢迎。53名学生均表示看过短视频。他们喜欢短视频的原因主要有两个:一是"有趣、好玩、搞笑",二是"因为同学都知道这个梗,所以我也想了解"。访谈表明青少年在短视频消费中不仅能够获得乐趣、放松心情,还能满足构建自己社会关系网的需求和集体归属感的诉求。

由上面的数据我们可以发现,短视频具有生产流程简单、制作门槛低、制作周期短、现场感强、参与性高等特点,与生俱来地具备了病毒式传播潜力,然而,一些不良文化、低俗文化也随之广泛传播。有学者提出,信息需求、娱乐需求、知识需求、表达需求、社交需求等,都是青少年成长中的正常需求,然而过度追求单一化娱乐心理需求、放大社交需求甚至从众心理需求,都是需要警惕的。短视频的火爆传播,对青少年成长的影响已成为一个社会各界关注的问题,也是困扰许多教师、家长乃至政府的问题。

1. 网络短视频内容低俗

网络短视频依靠UGC(用户生产内容模式)赢得了广大青少年的喜爱和追捧,但正是缺少把关人的生产模式,导致网络短视频内容质量良莠不齐,其中不乏内容低俗、格调低下、渲染暴力色

低俗短视频对青少年的影响

情、刻意展示低级趣味且毫无营养的视频,青少年在大量接触这类短视频之后,极易受到不良影响。

短视频平台充斥着大量的娱乐、炫富、色情、暴力视频,青少年作为网络短视频的主要受众群体,长此以往容易形成畸形的价值观和人生观,产生有悖网络伦理道德,甚至是违反法律法规的行为,危害极大。

2. 短视频泄露个人隐私

【情景小剧场】

少年 A:今天坐车去找闺密,拍个有车票的短视频集个赞!

少年 B:我看看你编辑的视频。

少年 A:怎么样,滤镜加得不错吧?

少年 B:滤镜加得是不错,可是你车票上的信息怎么都没有

资料链接

一项网络短视频调查

中国青年报社社会调查中心联合问卷网在 2018 年对 2015 名受访者开展了一项关于网络短视频的调查。在调查中,88.1% 的受访者直言不良短视频内容对青少年的负面影响较大,其中 27.3% 的受访者认为非常大。90 后女孩夏薇(化名)经常通过手机浏览短视频,她也认为现在的短视频平台上有一些内容并不适合小孩子看,但平台上还是有大量低龄用户。[1]

---

[1] 张瞳. 88.1% 的受访者直言不良短视频内容对青少年负面影响大. 2018 年 4 月 26 日(http://news.youth.cn/gn/201804/t20180426_11606867.htm).

打码?

少年 A：车票信息还需要打码？我就发个小视频而已，没那么严重吧。

少年 B：当然要打码！虽然身份证号已经隐藏了一部分，但是姓名、身份证号这种重要信息还是不要随便泄露的好，而且你将自己的车次、座位号什么的都发出去了，一个人坐车也是不安全的呀！

少年 A：你说得蛮有道理，那我删除了重新编辑再上传。

少年 B：不仅是车票，其他带有个人隐私信息的物品也一定要注意了，不能轻易上传有可能暴露自己个人信息的短视频。

少年 A：记住了！以后上传短视频的时候一定会注意的！

对青少年而言，他们的活动范围相对较小，也比较集中，所以他们上传的短视频地点大多是在家和学校的周边地区，这也是隐私泄露的重要原因。

家本是一个较为私密的地方，但大多数青少年都喜欢选择自己家中的卧室、客厅、厕所或者是小区附近作为短视频拍摄地，导致网友能根据其拍摄场地推断出上传者的居住住址，甚至评论里有人能说出你的家庭地址，给不法分子以可乘之机。

青少年借助短视频平台与陌生人交流沟通、建立自己的社交关系网，这本无可厚非，他们乐于向他人展示自己生活的趣事，这种想法正符合年轻人的分享天性，但是在这个展示的过程中，不应泄露自己、朋友或家人的私密信息。

3. 网络短视频侵害他人人格

侵害他人人格也称侵害公民名誉权，是以书面、口头等形式公开传播他人隐私，或者以捏造事实的形式公然丑化他人人格，以及用侮辱、诽谤等方式损害他人名誉，造成一定影响的行为。很多短视频暴露他人隐私，公开谩骂他人，比如在街上突然闯入他人空间的恶搞视频。

4. 短视频平台恶意获取用户信息

2018 年 3 月，剑桥分析公司在未经授权的情况下，获取了 5000 万 Facebook 用户的信息，这一新闻成为 Facebook 创建以来最大的丑闻，同时也让互联网平台的用户隐私泄露问题重新进入公众视野。

网络短视频平台的上传和下载等服务都需要用户的账号登录认证，使用者可以选择用微信或其他社交平台账号进行登录，也可以直接使用自己的手机号码登录，这些账号都包含了使用者无数的隐私信息，用户在登录时便将这些信息授权给了短视频平台，供其进行自由读取和使用。

同网络搜索软件一样，短视频软件还需要用户授权各种地理位置权限、通讯录好友权限等等，然后根据用户的位置和通讯录为其匹配"附近的人"或者是"通讯录好友""可能认识的人"等。这种匹配都是基于用户数据读取和计算所展开的。当你正窃喜短视频平台对你的爱好识别越来越精准，给你匹配的人越来越熟悉的时候,正是你的个人隐私被暴露的时候。

另一方面,网络短视频软件几乎不存在账号注销功能。你可以退出登录或者卸载软件,但是你的用户信息将一直被保留,无法注销。还有一些短视频软件虽然提供了注销功能,但是其账户注销的手续十分复杂,不仅需要验证用户绑定的手机号,还需要通过个人身份信息验证等一系列的复杂程序。在此过程中,平台再一次确认该注册手机号码使用的活跃度,同时还获取了用户的身份信息等,却并未对用户提供的手机号和身份证号等私人信息的去向做出明确的解释说明,青少年个人隐私完全得不到应有的保障。

"据腾讯社会研究中心、DCCI 互联网数据中心此前发布的2017 年度网络隐私安全及网络欺诈行为分析报告显示,影音娱乐、资讯阅读、网络游戏和常用工具等种类的手机应用成为越界获取用户隐私的重灾区。"[1] 这个重灾区的治理还需要一个漫长的过程,想要在短时间内彻底改善这种情况并不现实,所以我们青少年能够做的只有加强个人信息保护意识,不在短视频等网络平台随意发布带有个人隐私的内容,不轻易上传身份证等个人证件,加强网络素养,保护个人隐私。

---

[1] 孙奇茹. 霸道 App 不交隐私别想用. 北京日报 2018 年 4 月 25 日 12 版.

资料链接

《网络短视频平台管理规范》和《网络短视频内容审核标准细则》

2019年1月9日，中国网络视听节目服务协会发布了《网络短视频平台管理规范》和《网络短视频内容审核标准细则》100条。

针对网络短视频中的低俗文化、虚假信息误导青少年等问题，明确规定：平台上播出的所有短视频均应经内容审核后方可播出，包括节目的标题、简介、弹幕、评论等内容。《网络短视频平台管理规范》和《网络短视频内容审核标准细则》还针对网络视听领域现有问题，规范了短视频服务的网络平台以及网络短视频内容审核的标准。《网络短视频内容审核标准细则》中明确了21类、100项违禁内容。

其中，不利于未成年人健康成长的内容主要有：表现未成年人早恋的，以及抽烟酗酒、打架斗殴、滥用毒品等不良行为的；人物造型过分夸张怪异，对未成年人有不良影响的；展示未成年人或者未成年人形象的动画、动漫人物的性行为，或让人产生性妄想的；侵害未成年人合法权益或者损害未成年人身心健康的。

按照上述规范，在国家网信办指导下，不少短视频平台在2019年3月开始试点上线"青少年模式"。目前，所有短视频平台制定的"青少年模式"都对青少年使用时间进行了严格限制。因此，可以说短视频平台在积极承担媒体社会责任方面走出了坚实的一步。

第三章

网络乱象之违规违法行为

主题导航

❶ 网络言论自由的边界

❷ 防不胜防的网络诈骗

❸ 网络借贷的风险与防范

❹ 低俗的网络色情

　　根据联合国国际电信联盟的定义,网络空间是指由计算机、计算机系统、网络及其软件支持、计算机数据、内容数据、流量数据以及用户等上述全部或部分要素创建或组成的物理或非物理的领域。由此可见,网络空间是建立在互联网基础上的机器系统与人的系统的结合。随着互联网的发展,网络空间越来越多地与"网络社会"一词并用,并更多关注用户及其行为。在万物互联时代,虚拟空间与现实世界深度融合,网络空间已经成为除陆地、海洋、空中、宇宙外的"第五大空间",但网络安全边界也变得逐渐模糊,各类已知和未知的安全威胁正在不断涌现。

　　对于涉世未深的青少年来说,网络就像是迷雾重重的森林,充满了未知和迷惑,稍有不慎,就容易迷失自己。所以,青少年在享受网络带来的便捷时,特别需要防范网络上的各种违规违法行为。让我们一起翻开本章,更好地认清网络言论自由、网络诈骗、网络借贷以及网络色情等网络违规违法行为。

第一节 网络言论自由的边界

 你知道吗？

言论自由（freedom of speech）是一种基本人权，是公民按照自己的意愿自由地发表言论以及听取他人陈述意见的基本权利，也是一个国家公民可以按照个人意愿来表达意见和想法的政治权利。这些意见的表达不用受政府的审查，个人也无须担心受到政府报复。言论自由有时也被称为内涵更广泛的表达自由，但需要注意的是，言论自由要保证被议论人员的人身权利和人格尊严。网络言论自由就是指在网络上自由地表达自己的看法，但网络的虚拟性给言论自由增添了几分神秘色彩和不确定性。

一、网络言论自由：特殊空间的表达与宣泄

2020年9月29日，中国互联网络信息中心（CNNIC）发布第46次《中国互联网络发展状况统计报告》。截至2020年6月，我国网民规模为9.4亿，互联网普及率达67%。庞大的网民

构成了中国互联网行业蓬勃发展的消费市场,不仅为数字经济发展打下了坚实的用户基础,也为网络言论自由提供了丰富的土壤。网络在现实生活中占据了重要地位,就如同每个人每天都要吃饭、睡觉一样,它已经成为我们生活中的一部分。试想一下,如果现在把大家放在一个没有网络的环境中,几分钟之后便有人开始无法忍受,如今就连六七十岁的爷爷奶奶都会通过网络与家人联系、观看视频以及搜索自己需要的信息,更不用说充满好奇心的青少年了。

案例链接

玩手机容易上瘾

早在 2015 年 10 月 9 日,《潍坊晚报》以《不玩手机就难受,你也如此上瘾么》为题,报道了当前市民对手机过度依赖、没有手机甚至会焦虑的现状。《潍坊晚报》进行了"如果让你三天不用手机会是怎样的生活体验"的实验。10 月 10 日,该报再推出《"三天不用手机",无人应战》报道。调查发现,很多青少年认为"如果没手机的话,咋联系老师同学?"另外,青少年中用手机边听歌边学习的不在少数,一边做作业一边用手机查询资料的学生也大有人在。如今,青少年通过手机,生活的内容很丰富,如聊天、视频、游戏、购物、导航和发微博、微信等。专家认为,假如青少年长时间沉迷在虚幻世界里,就会产生以"自我为中心"的意识和强烈的孤独感,导致自身慢慢与现实社会隔离脱节。

　　在这样一个全民皆媒的时代,网络究竟扮演怎样的角色呢?
有人认为网络是虚拟空间,是网民公开表达意见的自由空间,于
是便出现了两种不同的看法:一方认为在网络空间里具有绝对的
言论自由权,可以自由表达意见。另一方则认为网络空间虽然具
有虚拟性,作为网民公开表达意见的公共空间,同样需要规则和
秩序,网络自由表达也要合理合法有序进行。显然,后者的观点
更具有合理性。互联网不是法外之地,互联网言论表达同样需要
遵循法律规定和程序,保证其合法正当运行,特别是仍处于学习
阶段的青少年,用言论营造良好的网络舆论环境是我们应尽的责
任和义务。

　　自 20 世纪 90 年代初期,互联网被引入中国以来,我国就
非常重视对网络言论的规范和引导,尤其是党的十八大以来,
以习近平同志为核心的党中央更是把网络的发展与治理提升
到前所未有的高度。但是网络言论自由又是一个极其敏感的
话题,如何把握好“度”,制定网络和现实之间的连通规则,是亟
待解决的问题。中国电子商务协会政策法律委员会的张雨林认
为,“网络言论是网民在网络平台中关于现实社会的各种现象、
具体问题所表达的观念、看法、态度、见解、意见、情结的总和。
其由网络中的媒体信息、论坛交流、新闻跟帖、博客评论共同
组成。”

　　网络言论表达自由目前已经成为国际人权法所保护的一项
重要的基本权利。这项基本人权的保护范围覆盖整个网络领域,

并且通过一系列具体的措施对网络言论表达自由的规则进行进一步的健全和完善。近年来，许多国家都开始通过规范互联网信息传播的方式和制定相关规则，保护网络言论表达自由，规范互联网表达秩序，为网络言论表达提供干净的网络环境。

网络赋予了网民自由表达的权利，在线工具使用的便捷促进了网民之间的交流和协作，在网络上我们可以自由表达思想、分享想法和意见，QQ、

资料链接

互联网成文法

德国是全球第一个制定互联网成文法的国家，该政府于 1997 年提出了《信息与通信服务法》。

从我国现有的法律体系来看，《中华人民共和国宪法》第 35 条对言论自由做出了规定："中华人民共和国公民有言论、出版、集会、结社、游行、示威的自由。"

微博和微信不再仅仅是人们处理日常学习工作事务的场所，而是发表言论的主阵地。任何一起社会事件一经爆出，便会由公开表达自己的意见或者看法的自媒体进行病毒式的传播，通过转发而迅速发酵，变成热点事件。新版的微博在热搜话题后面会依据话题的传播程度，依次有"爆""沸""热""新"的字样。根据这些形容词，我们便能了解这些话题的火热程度，为参与者提供判断事件价值的依据。

二、言论自由并非情绪宣泄自由

公众号、小程序等平台的出现,给予青少年更多表达自己的途径。由于一些违规用户利用公众号、小程序等渠道发布一些不实言论,对社会造成了恶劣的影响。2018 年,微信再发重磅公告,对公众号、小程序等违法违规行为作了相应的处罚规定。微信公众平台针对部分公众号、小程序发布断章取义、歪曲党史国史类信息来进行营销的行为,给予了删除文章和其他相应处罚。多次处罚后仍继续违规,或是故意利用各种手段恶意对抗,将采取更严厉的处理措施直至永久封号。此外,微信公众平台还对虚假标题党信息和捏造歪曲历史信息两项违规类型给出了示例,同时强调,希望运营者杜绝违规违法等不当内容,加强账号管理,共同维护"绿色"的网络环境。

"言论自由"并不等于"情绪宣泄自由",网络本质上还属于公共空间,所以公共空间也要有公共秩序。例如,微博和微信等社交媒体,是人们公开表达意见的重要途径,却有很大一部分人通过一些非理性的方式在社交媒体上发表意见,因此很容易催生网络暴力。在 30 岁以下的青年群体中,信任网络的比例最高,比起《新闻联播》,或许他们更信任微博舆论场传播的信息。"围观就是力量",仿佛成为他们的网络生存法则。一旦遇到网络群体性事件,他们的行动就可能被情感支配,于是愈来愈多的声音出现在网络中,他们将言论自由的场地当成了宣泄情绪的出口。

误读的网络言论自由

从"江歌案"延伸出的这一类案件来看，网络暴力是现实中的暴力手段在网络上的继承和延续，是网民利用手机或电脑在网上散播对他人人身攻击、纯属个人情绪宣泄的言论，对事件当事人进行语言攻击或者道德批判，殊不知网络表达自由的情绪宣泄和恶意中伤无辜的人是两回事，前者属伦理道德范畴，后者则触犯法律。

 案例链接

江歌母亲诉谭斌侮辱诽谤案二审宣判

轰动一时的江歌案于 2017 年底结案，但相关的名誉权等案件却仍在发酵。其中，网民谭斌因在微博发布与江歌案有关的文章及漫画，被江秋莲以侮辱罪、诽谤罪诉至法院。上海市普陀区人民法院对谭斌以侮辱罪判处有期徒刑一年，以诽谤罪判处有期徒刑九个月，决定执行有期徒刑一年六个月。一审宣判后，自诉人江秋莲、被告人谭斌双双向上海市第二中级人民法院提出上诉。2020 年 10 月 27 日上午，上海市第二中级人民法院裁定驳回江秋莲、谭斌的上诉，维持原判。

上海市第二中级人民法院认为，随着自媒体的普及，每个人都拥有自己发声的渠道，信息的发布门槛大幅度降低。但是网络不是法外之地，每个网民应当尊重权利应有的法律界限，不能侵犯他人的合法权益。如其言行不当，构成犯罪的，应当承担相应的刑事责任。

从狭义上来讲,微信也属于言论自由的范畴,其言论应被保护与合理应用。如果有人在微信上发布一些不实与违法的信息,由于微信即时迅速的传播特点,导致这些信息病毒式传播,严重的可能会引发突发性公共舆情事件,严重威胁网络传播秩序,因此微信的言论自由也应是相对的,有界限的。

网络并不是完全脱离现实世界的虚无之地,计算机、手机是实体,是人类发明创造出来的,网络也是由人类一步步发明出来并用于造福人类的,所以这个由实体所建构起来的网络虚拟世界,同样需要法律规则。2018 年微博整改之后,出现了新时代话题榜,引起很多人的热评。网络风气的净化,需要这些正能量的引导和鼓舞,这才是网络的正确打开方式。

三、张殊凡事件:言论自由与言论失范的界限

张殊凡是北京市某小学四年级学生。2007 年 12 月 27 日,CCTV 新闻联播一则关于净化网络视听的新闻里,张殊凡接受记者采访时说道:"上次我上网查资料,突然弹出来一个窗口,很黄很暴力,我赶紧把它给关了。""很黄很暴力"一语,因其类似于猫扑网(mop)的广告语"很好很强大",同时又出自一名小学生之口,很快受到许多网民关注,甚至被称为"2008 年第一流行语"。网友"pinkbabyfeifei"跟帖说:"我也看到了,当时都笑了,哪有很黄很暴力的网页啊。"而"丐帮小叫花子"则说:"这个小女生竟

然能够分辨'黄''暴力',很有发展潜力呀。""很黄很暴力!"大量类似的相关评论爆出来之后,张殊凡的父亲站出来发声,表示女儿尚未成年,很多语言以及思想并不成熟,网友的恶意评论对一个十几岁的孩子来说十分过分。

当年这件事的争议在于一个网页既然"很黄"又"很暴力",那如何被这个四年级的小学生给碰上了?又有人提出质疑:接受《新闻联播》节目采访的张殊凡是否只是一个"木偶"?这件事情之所以会引起网民的热议,一是网络擅长"解构"的惯性使然,二是《新闻联播》这样的节目在网民心目中的刻板印象所致。两种力量合到一起,使得网络言论热潮未能顾及小女孩的感受,喷涌而出。究其原因,张殊凡不过是在偶然的情况下充当了网民情绪宣泄的工具。

网民之所以针对张殊凡事件进行热烈的讨论,最开始可能只是出于跟风或者好玩的心态,对张殊凡这个女孩本身并无太大的恶意。但是我们要明白,网络恶搞的底线是不侵害他人的身心健康,尤其对方是未成年人。当一些人有意无意地对张殊凡实施网络暴力还得意扬扬时,网民的言论实际上已经超越了言论自由的界限,属于违法行为,更是严重侵犯了小女孩的名誉权、隐私权,伤害了她的人格尊严与幼小心灵。

网络给网民带来了言论表达的自由空间,网民要学会珍惜并正确使用。自由是相对的,网络是有道德底线的。如果网民不能自律,伤害的不单单是小姑娘,还有大众。网络是自由的,但自由是有底线的,所以我们更需要自律。

四、网络言论影响青少年价值观

梁启超在《少年中国说》中这样形容少年:"少年智则国智,少年富则国富;少年强则国强,少年独立则国独立;少年自由则国自由;少年进步则国进步;少年胜于欧洲,则国胜于欧洲;少年雄于地球,则国雄于地球。"这句话充分肯定了青少年的健康成长对国家发展的重大意义。如今,青少年生活在网络时代,所以建构一个风清气正的网络空间,对青少年的成长具有积极作用。

网络言论依赖网络空间生存。社会学视角下,网络空间是一种新的社会"场域",正是因为网民的存在,网络空间才变得丰富多彩。在这样一个新的"场域"和图景中,人们的社会行为也变得更加复杂和难以管理。每个人都是一个独立而自由的个体,只需要一部手机就可以在网上发表言论,但法律规定网络言论自由要有底线,言论自由并不等于允许传播不良内容,二者有本质区别。

从传播力和影响力来看,传统的言论和网络言论的传播速度不可相提并论。剔除政治和技术因素,网络言论的影响范围几乎是全民。任何一种言论只要出现在网络上,全球的网民都能看到,也能对此言论进行讨论。鉴于使用网络的人数之多,范围之广以及网络言论的传播速度之快,国家需加强对网络言论的监管力度,这对青少年形成正确的价值观起着至关重要的作用。

互联网的传播速度如此之快,一个不经意的微小举动可能就会引发巨大的改变。大众的思想各不相同,一千个人就有一千种想法。没有人知道下一秒会发生什么,会流行哪些话题。所以在瞬息万变的互联网上,公众言论自由必须在一定的规制范围内,才能保证网络秩序的合理运行。

　　未成年人网络言论保护作为未成年人保护和网络合法权益保护的集合体,涉及未成年人保护的各个领域,也涉及相关部门的职能和责任,是一个庞大的系统工程。

第二节　防不胜防的网络诈骗

 你知道吗?

　　　　网络诈骗是指为达到某种目的,在网络上以各种形式向他人骗取财物的诈骗手段。犯罪的主要行为、环节发生在互联网上,采用虚构事实或者隐瞒真相的方法,骗取数额较大的公私财物。网络诈骗具有犯罪成本低和高隐蔽性等特点。《中华人民共和国刑法》第二百六十六条规定:诈骗公私财物,数额较大的,处三年以下有期徒刑、拘役或者管制,并处或单处罚金;数额巨大或者有其他严重情节的,处三年以上十年以下有期徒刑,并处罚金;数额特别巨大或者有其他特别严重情节的,处十年以上有期徒刑或者无期徒刑,并处罚金或者没收财产。

青少年每天奔走在学校和家庭之间,接触的大多是父母和学校老师,因此生活环境较为单一。当青少年开始使用网络进行学习或者社交时,犹如打开了新世界大门,这扇门的背后有新奇好玩的事情,同时也有诱惑与陷阱。由于青少年缺乏社会经验,辨别能力较弱,容易受骗,故成为诈骗罪犯下手的首选对象。

网络是个虚拟空间,我们可以在这一空间里不透露个人的真实身份,自由选择自己的角色,这虽然方便了我们参与网络生活,却也成为网络诈骗的温床。当下,尤其是以青少年为对象的诈骗活动日益增多。网络诈骗是通过操纵个人信息实现诈骗目标的行为,其对个人信息的依赖程度较高。单从青少年群体来看,最常见的网络诈骗是盗取 QQ 号,冒充好友向他人骗取钱财。冒充好友的人根据 QQ 最近聊天记录,向好友或家人发送消息谎称自己缺钱,利用家人和朋友的情感骗取钱财。其次是电话诈骗。诈骗人常常冒充学生的老师或者同学给家长打电话,理由诸如"您的孩子出事了,正在医院,需要用钱"之类的谎言,利用家长担心孩子的心理骗取钱财。所以,我们在面对此类情形时,一定要第一时间联系当事人核实信息。网络诈骗的类型多种多样,不胜枚举,针对青少年的网络诈骗,大概可分为以下四类。

一、网络游戏诈骗

在看似平静的网络世界里，到处隐藏着陷阱，网络游戏诈骗就是其中的典型代表。青少年在玩网络游戏时，通常会因为相同的爱好而结交游戏玩家，并且成为朋友，系统中还有二人结为姻亲角色的设置。一些骗子就利用玩家之间的游戏关系，通过盗取玩家游戏账号，伪装成玩家本人对其游戏好友进行诈骗。一些玩家有时候疏于防范，缺少戒备之心，就按照骗子的要求进行转账，导致虚拟财产的损失，有时甚至是名誉损失。另外，许多青少年喜欢玩网络游戏，并且花钱购买各种游戏装备，骗子常常会通过兜售低价装备等方式诱骗玩家到虚假的游戏交易网站进行交易，从而达到骗钱或盗号等目的。骗子还会在交易过程中设置连环陷阱，被骗者原本只想购买价值 100 元的游戏装备，最后却被骗几百元、几千元甚至上万元。

案例链接

宿迁破获一起网络游戏诈骗案

在"净网 2020"专项行动中，江苏省宿迁市公安局洋河分局破获一起网络游戏诈骗案，抓获犯罪嫌疑人 24 名，涉案金额 700 余万元。

2020 年 4 月，洋河分局网安民警在办理一起案件中发现有人搭建虚假游戏账号交易网站,通过网站后台自动修改受害人填写的账号资料,让受害人以为因自己操作失误导致账号被冻结,进而骗取受害人解冻汇款,涉案金额高达数百万元。经洋河分局民警深入侦查,查明该犯罪团伙在境外租赁服务器、注册域名,批量制作数百个虚假交易网站,疯狂作案。据初步统计,该案件受害人达数百人,遍布全国各地。截至2020年9月,宿迁网安部门先后在广西、广东、云南、四川等地抓获犯罪嫌疑人24名,查获域名3000余个、网站100余个,实现了技术、诈骗、洗钱等环节的全链条打击。

"净网2020"专项行动开展以来,洋河分局先后破获通信网络诈骗案件35起,同时破获网络黑客、网络贩枪、网络传销等案件10余起,净网护网成效明显。

(凤凰网 2020 年 10 月 24 日)

二、网络中奖诈骗

提及此类诈骗手段,我们首先想到的是老年人,但却忽略了正处于懵懂无知时期的青少年。青少年对于此类诈骗同样没有很好的辨别能力。他们经常在浏览网页或进行网络游戏的时候,"幸运"地收到"恭喜您中大奖"的信息。当青少年信以为真,与对方进行联系时,对方却会以需要保证金、支付邮寄费用等各种借口,要求网友先汇钱。当网友汇去第一笔款后,骗子还会以手续费、税

一则网络平台中奖诈骗案

2015年3月底的一天,江西省萍乡市的小刘同学收到这样一条短信:"尊敬的淘宝用户,您好! 为了回馈广大淘宝用户对本公司长期以来的支持,特在新春期间举办【12周年庆典感恩大回馈】活动。恭喜您,您已被淘宝系统后台随机抽选为幸运二等奖用户,您将获得由淘宝网基金会送出的梦想创业基金128000元人民币及苹果MacBook Pro笔记本电脑一台,详情请登录淘宝活动官方网站:ddppg.com【迅速领奖】,您的领奖验证码为【8819】郑重声明:本次活动已通过互联网公证处认证:url:ZGRwcGcuY29t。"

小刘同学打开了短信中的网址,并填写了个人信息。不久,他就接到了电话通知,被告知需要先缴纳2000元的税金才能领奖。小刘同学觉得有些可疑,于是当即表示拒绝付款。但对方立即在电话里发出了恐吓,称小刘填写了资料就表示同意了领奖,如果现在拒绝缴费,将被视为违反合同约定,小刘必须承担法律责任,并会被淘宝起诉。

原本不想缴费的小刘同学这时感到十分害怕,于是只得按照对方的要求把自己平时存下来的2000元钱通过网上转账的方式转到了对方指定的账户中,但此后就再也联系不上对方了。

专家解读:

小刘同学遭遇的是一个典型的中奖短信诈骗,类似的诈骗行为如冒充热门电视节目，如《爸爸去哪儿》《奔跑吧，兄弟》等发布虚假中奖信息，这类诈骗手段很流行，不少青少年朋友都成了受害者。

此类诈骗常用两种手法，一是利诱，二是恐吓。很多人，包括青少年朋友都能够意识到不能为了领奖而先付钱，但往往在听到对方将要起诉自己的恐吓之后就信心动摇，最终给骗子付款，而且这种恐吓的诈骗手法对于涉世不深的青少年来说尤其有效。但事实上，在中国，并没有放弃领奖就涉嫌违法的法律规定，也没有哪个正规的机构在设置抽奖环节后，会因为中奖人不来领奖就起诉中奖者。

防骗提示：

对于青少年朋友来说，收到陌生人发来的短信，最好能先征求一下父母的意见再采取行动。特别是在遭到陌生人恐吓时，一定要首先向父母或师长求助。

除非自己确实主动参与了某个电视节目的抽奖活动，否则，任何天上掉馅饼的中奖信息都是诈骗信息，不必理睬。

正规的抽奖活动中，确实会有发奖方为中奖者代缴代扣相关税款的情况，但不存在需要中奖人自己首先支付一定的费用才能领奖的情况，如遇此类情况，均属诈骗。

通常情况下，正规抽奖活动的组织方会使用固定电话通知中奖者。而使用手机和中奖者联系的，通常都不太可靠。

款等其他名目,继续欺骗网友汇款,直到"吃干榨尽"为止。骗子正是利用青少年"天上掉馅饼"这种侥幸心理进行连环诈骗。青少年开始可能用自己的零花钱给骗子转钱。随着转钱次数的增加,当钱不够再问父母要时,父母才发现孩子已被骗。

根据《中华人民共和国反不正当竞争法》的有关规定,抽奖式的有奖销售,最高金额不得超过 5000 元,否则就是违法。所以,正规的抽奖活动奖金额度不可能超过 5000 元。

当青少年参加淘宝等购物网站组织的活动时,应当通过官方客服电话进行咨询,不要盲目地相信陌生人发来的短信或打来的电话,更不要轻信所谓追究违约责任或起诉打官司等恐吓性话语,坚信不存在"不领奖就是涉嫌违约"的法律条款。

三、网络购物诈骗

在淘宝、京东等购物网站风靡市场的背景下,越来越多的人开始享受这种躺在家里就能选购商品的乐趣,但犯罪分子也有了可乘之机。诈骗人利用网络技术,虚拟出一些购物网站,假扮商家或者假扮银行和快递公司等对网络消费者进行诈骗犯罪,网络购物诈骗手段防不胜防。诈骗人往往会利用搜索引擎或聊天工具来推广各种各样的虚假购物网站,常常会结合热点事件、热门活动、热门商品来进行推广,社会阅历不足的青少年在面对此类陷阱时,稍有不慎,就有可能上当受骗。

一则网上购票诈骗案

2019年4月，在苏州上学的女生琦琦终于盼到了自己喜爱的明星在苏州开演唱会，但官方售票渠道一开通，票便被抢购一空，于是她和同学佳佳从网上搜索其他购买渠道。琦琦的同学在微博上看到有人在卖演唱会的门票，喜出望外的两个人通过微博私信跟对方取得联系，最后又加了对方的微信。对方称自己的门票是通过大麦网渠道购买，并把购票截图发给了她们。看到截图后，她们就相信了对方，谈好以1600元的价格购买两张门票。

随后，琦琦和同学通过微信进行转账，对方也承诺会将门票邮寄过来。但过了好多天，琦琦都没有收到门票，于是就在微信上联系对方，对方一直在拖延，后来干脆不理她了。这个时候，琦琦才意识到被骗了，随后向苏州警方报警。

专家解读：

不仅是演唱会门票，还有球赛门票、游乐场门票、景区门票、飞机票、火车票等，也都有很多虚假售票网站存在。而利用审核不严的搜索引擎进行商业推广，也正是这些虚假票务网站的一个主要特征。由于是搜索引擎的推广链接，而且有的网站还有搜索引擎的加V认证，迷惑性很强。实事求是地说，普通人通过肉眼很难识破真伪。

由于移动支付的普及,交易诈骗是目前最为高发的诈骗类型。在现实生活中,粉丝找黄牛买演唱会门票的情况并不罕见,甚至我们的家人和朋友也曾这样做过。但由于网络的虚拟性,这种交易方式存在极高的安全风险,这就要求青少年提高自身网络安全意识,谨慎交易。从大量案例中我们可以发现,这类诈骗主要存在于非正常渠道购票的行为中。不法分子通过在票务相关的网页、论坛、贴吧等留下低价门票、热门门票的转让信息做诱饵,并诱导有意购买者在社交软件上添加自己为好友并进行交易,购票者一旦支付成功,就会被其拉黑。这种网络诈骗行为就是利用青少年粉丝喜欢偶像,急于买票看演唱会的心理,使部分缺乏网络安全意识的青少年交出了自己的交易主动权,从而上当受骗,掉入网络诈骗的陷阱,不仅损失钱财,还未能买到自己心仪的演唱会门票。

四、网络电信诈骗

网络电信诈骗一般有两种情况,一种是盗接他人通信线路或者复制他人电信号码骗取他人钱财,一种是用自己的通信设备或号码直接拨号或伪装拨号骗取他人钱财。

如今校园网络诈骗事件层出不穷,青少年成为网络诈骗受害的主体,除青少年涉世未深、鉴别能力较弱之外,互联网技术的快速发展和诈骗手段的多变是主要原因。

资料链接

廊坊警方曝光针对青少年的几种常见网络电信诈骗手法

1. 冒充公检法诈骗。境内外犯罪分子使用改号软件、网络电话，冒充电信局、公安局等单位工作人员随意拨打手机、固定电话，以受骗人邮寄包裹涉毒、有线电视欠费、电话欠费、医保社保卡涉嫌诈骗、被他人盗用身份涉嫌犯罪等名义，谎称冻结、罚没受害人银行存款进行威胁恫吓，骗受骗人汇转资金到指定账户。

2. QQ(微信)诈骗

通过非法手段盗取他人 QQ 号码等，然后以主人的身份登录账号，通过播放受骗人亲友视频聊天录像等方式，冒充他人与受骗人聊天，并以有急事需用钱等为借口，向受骗人借钱。

3. 谎称兼职刷单诈骗

犯罪分子发布招聘网络兼职信息，受骗人与之联系后，要求受骗人完成一定数量的订单，之后返还受骗人本金及薪酬。受骗人完成订单后，以交易被锁定等各种理由推脱，要求受骗人继续完成订单才可返还本金及薪酬，从而诱使受骗人不断通过虚拟交易给其打钱。

4. 冒充购物客服诈骗

犯罪分子冒充淘宝等公司客服拨打电话或者发送短信，谎称受骗人拍下的货品缺货，需要退款，要求购买者提供银行卡号、密码等信息，实施诈骗。

5. 冒充银行客服升级网银诈骗

犯罪分子冒充银行客服向受骗人拨打电话或发送短信,声称受骗人的网上银行、手机银行等需要升级,并向受骗人提供所谓"升级网址"(实际为钓鱼网站),诱使受骗人登录钓鱼网站并输入银行卡账号、密码、验证码等信息,转走受害人钱款。

首先,由于在线网络操作的便捷性,犯罪分子只需要一部手机或者一台电脑就可以完成全部犯罪过程;此外,网购不受时空限制,因此犯罪分子诈骗的目标范围得以扩大,诈骗的时间也不再受限。只要你在上网,随时随地都可能成为被诈骗的对象。

其次,网络诈骗的手段更加精细。例如,犯罪分子会试图将病毒和网络诈骗的常规手段相结合,利用无线网络的优势和木马病毒来作案。不得不承认的是,现在犯罪分子诈骗手法的专业化和精准化也有很大提高,从传统作案的普撒网、诱导式"诈骗"转向"连环设局、精准下套",让青少年防不胜防。

案例链接

疫情期间一中学生因网络骗局损失万元

2020 年 4 月 3 日,家住武汉的小陈同学因为新冠疫情在家上网课,被同学拉入一个名为"萝莉打字团"的 QQ 群。群主发公告称，这是一个兼职群，与他私聊便可接单，拉 10 人进群，打一些字群发，便可以完成任务获得 50 元报酬。小陈顺利完成了任务。结算时，她却发现群管理员换了人，又发起了新活动，"转账 200 元返还 1888 元"。小陈有些心动，就转了 200 元。管理员又宣称还需缴纳 234.1 元的保证金。小陈起了疑心，便要求退还 200 元。后来管理员说她还未成年，钱款会退到家长的手机上，让她与另一名客服联系。第三名客服要求她出示微信钱包截图和绑定银行卡截图，随后发来一个二维码，对方称这是一个返款激活码，扫码输入 9822.01 元即可激活，不会真扣费。见小陈不信，对方反复强调不会扣费，小陈便尝试着用父亲的微信扫码，输入 9822.01 元。这时系统弹出提示："对方账号存在风险，请勿向对方转账。"小陈便将截图发给对方。对方故伎重施，给了一个新的二维码，她扫码后继续出现了风险提示，无法转账。第三次，对方继续发来二维码，小陈扫码输入 9982 元，输入支付密码后转账成功，父亲微信绑定的银行卡被扣 9982 元。小陈急忙联系客服，这时客服表示不知情，会去申请将钱要回，还要求她删除交易记录。这时，小陈才意识到被骗，立即报警。

第三节　网络借贷的风险与防范

💡 你知道吗？

　　借贷是基本的金融业务之一，网络借贷指的是借助网络实现借贷全过程的在线交易形式。它不仅打破了借贷双方时空的限制，同时也增加了更多的融资渠道，是互联网和金融的有机结合。网络借贷则为传统的借贷方式插上了互联网金融的翅膀。出借者和借款者均可利用网络平台，实现借贷的"在线交易"。这种交易就像网上购物一样自由，对于借款者来说贷款灵活便利，对于出借人来说能获得较银行高的利息，因此网络借贷很受欢迎。

　　2007 年,我国的网贷平台开始起步,最初是拍拍贷平台,这是我国网贷平台发展的元年。2010 年,是网贷平台发展的转折年,之后的网贷平台迎来了爆发式增长,呈现多元发展方式,出资背景也呈现多样化。2017 年,网贷平台迎来了交易的最高峰。然而,网贷平台发展伴随而来的是社会问题的凸显,如信用问题、法律问题、资产纠纷等,加上互联网金融监管的发展,自 2017 年以来，网络借贷平台的交易规模开始萎缩。2019 年全年网络借贷交易规模为较 2018 年有了显著下降。

一、网络借贷的优势与风险

网络借贷借助互联网优势，借入和借出双方利用网络平台，实现在线借贷。它具有与传统借贷不同的优势。比如，成本低；放债速度快，效率高；无须担保和抵押，无须税收流水等硬指标；依托互联网大数据，能够实现对双方可及的风险提示；与普通银行相比，收益更高。

但任何事物都有双面性，网络借贷的优势也会造成一定的风险。网络借贷主体缺乏法律资格，网平台络在网络借贷中的定位和责任还存有争议，网络借贷的风险管理还比较薄弱。网络借贷平台和企业普遍采用的身份认证，存在真伪难辨等问题。风险准备金账户也存在逾期资金赔付责任主体不明的情况。借贷平台信用等级混乱，以及出现违约事故后，追讨成本高。网络借贷双方天各一方，签订的虚拟契约一旦出现逾期或存在网络诈骗，很难追讨。即使追讨成功，也会付出昂贵的代价。

二、校园贷：互联网金融还是高利贷陷阱

校园贷，又称校园网贷，是指学生向金融机构或在贷款公司

平台进行各种形式的民间借贷行动。其主要有四个特征:一是面向学生群体;二是手续简洁,易操作准入门槛低。三是以消费贷、现金贷各种形式表现但本质依然是一种民间借贷行为。

对于青少年来说,一些不良校园贷机构利用虚假宣传,诱导在校学生陷入"套路贷""高利贷"的陷阱,"小贷"滚成"巨债",并采取威胁甚至暴力方式进行催贷。校园贷与网络借贷的初衷背道而驰,沦为高利贷陷阱。造成这种后果的原因主要有以下三点。

首先,校园贷操作流程简洁,且线上操作便利、无须抵押。部分借款平台打着"一分钟申请,一天下款"的口号吸引青少年借贷。很多网贷只需要学生证就可以办理。某校园贷平台技术人

资料链接

互联网金融监管力度加大

互联网金融是传统金融行业与互联网技术相结合的新兴领域,并不是互联网和金融业的简单结合,而是在实现安全、移动等网络技术的基础上,被用户熟悉接受(尤其是对电子商务的接受)后,为适应新的需求自然而然产生的新模式及新业务。

2016 年 10 月 13 日,国务院办公厅公布《互联网金融风险专项整治工作实施方案》。2018 年 10 月 10 日,由中国人民银行、中国银行保险监督管理委员会、中国证券监督管理委员会制定的《互联网金融从业机构反洗钱和反恐怖融资管理办法(试行)》文件出台。

失控的网络借贷

员曾爆料："不是本人借款都能通过,校园贷平台审核监控不严。"青少年为了满足虚荣心和物质需求,情绪化消费和跟风消费较多。校园贷通过"温水煮青蛙"的方式,慢慢培养起他们高额消费的习惯。校园贷可能沦为催生青少年过度消费的陷阱。

其次,校园贷协议条款繁杂。青少年并不能对协议条款作出审查,相应的权利和义务较模糊,导致发生问题时主责落在自己身上。比如有的平台提供分期付款,但是并没有明确告诉借贷人分期付款后每期应付的还款包括的具体利息、逾期付款的后果等,导致借贷人在没有如期还款的情况下,还款数额"越滚越大"。有的平台没有告知第三方担保人应付的责任,导致有些借贷人在不知情中做了第三方担保人,并在借贷人没有还款的情况下,无故承担了这笔欠债。

此外,有些校园贷平台喜欢在贷款利率上玩数字游戏,表面上宣传低利率,免息贷款,实则是变相的高利贷。校园分期贷款一般是以等额本息的方式还款,表面上看,每月还的利息相对本金利率不高,实际上如果换算成每月还息,实际的年化利率"很高",所以校园网贷实际上是高利贷陷阱。

青少年盲目参与校园贷给学校和家庭都会带来风险。对于学生而言,盲目参与校园贷可能面临高额逾期费用、信息泄露以及暴力催收等风险;对于家庭而言,由于校园贷还需在平台注册用户的相关个人信息,包括个人、好友及家人,也可能造成对家人和朋友的伤害。对于学校而言,学生盲目参与校园贷可能令学校面临家校纠纷、学风失范以及校风污染等风险。

因此,老师和家长不仅从思想上对青少年进行教育,学校还要严把网络安全关,阻止不法网贷流进校园,从源头上阻隔校园贷。

三、新型校园贷层出不穷

针对校园贷的乱象,有关部门也在加大整治力度,然而,随着监管力度的不断加大,校园贷花样不断"翻新",有的以虚假购物再转卖等形式变相继续发放贷款,有的还在贷款过程中通过强行搭售会员服务和商品方式变相抬高利率。此外,还有回租贷、求职贷、培训贷、创业贷等披着"新马甲","偷天换日"逃避监管。这些变装后的校园贷瞄准的依旧是学生群体,中国互金协会呼吁消费者审慎选择平台,理性办理借贷。

回租贷名为租赁,实为小额现金贷款业务,它通过读取通讯录等方式锁定借款人。有些平台以手机回租形式发放贷款。如"某回租"平台,先以评估价格(即借款金额)回收用户手机,然后将手机回租给用户,并与客户约定租用期限(即借款期限)和到期回购价格(即还款金额),回购价格高于回收价格部分以及相关"评估费""服务费"即借款利息。比如手机估价 1000 元,需要支付 260 元评估费,到账 740 元,7 天之后却需要还款 1000 元。以此计算,其借款年化利率高达 1832%,比以前的现金贷还要高。据《北京青年报》记者报道,2018 年"回租贷"相关平台已超过100 个,注册客户数百万人,大多数目标客户锁定为大学生,利率奇高,一般年化利率在 300% 以上,个别甚至超过 1000%。

平台在贷款过程中搭售其他商品,变相抬高利率。如"某某信用钱包"会员卡价格 199 元,有效期 7 天,如用户借款 2000 元,14 天需还款 2028 元,名义年化利率 36%;如算上购卡成本,实际年化利率高达 291.9%。

还有的通过虚假购物再转卖形式发放贷款。有些平台引入虚假购物场景,用户下单购买商品,但无须支付货款,直接申请退款或转卖变现,转卖成功后即可获得资金,平台赚取延迟付款费和转卖撮合费用。有些平台故意导致借款人逾期,收取高额逾期费用。比如有些平台未自动扣划借款,借款人主动将钱打给平台还款失败。贷款逾期后,平台恢复正常,电话通知其逾期,收取高额的逾期费用。

就业贷、培训贷、创业贷等虽然瞄准的主要是大学生,但青少年也要警惕这些新型贷款骗局。一些大学生求职时遇到开出优厚薪酬的公司,但是与公司签订就业协议时,大学生还需要交付一笔高额培训费用。很多学生无力缴纳,此时公司人员就会表示可以先在公司或第三方进行贷款,等挣了工资再每个月还款。很多大学生稀里糊涂地办理后,公司承诺的高薪一分钱都没有拿到,反而因为办理了这个所谓培训贷,欠下了上万元的贷款。

校园贷逾期还款的确会影响个人征信。2019 年 9 月,监管部门发布了《关于加强 P2P 网贷领域征信体系建设的通知》,要求各地的整治小组组织辖内在营的 P2P 网贷机构接入央行征信系统、百行征信等征信机构。2020 年 1 月,第二代征信系统改革后,网贷平台接入征信的步伐进一步加快。也就是说,校园贷也可能会与个人征信挂钩,青少年切勿有侥幸心理。如果校园贷欠款"雪球"越滚越大,导致长期欠贷,就有可能被判定为恶意欠贷,从而影响个人的征信记录,得不偿失。

青少年在校园贷按期还款的同时,还要注意提防不法分子利用"注销校园贷"的幌子实施新型诈骗,在偿还贷款时一定要看

报道链接

记者调查:独家揭秘网络借贷骗局

该报道是中央电视台 2019 年 6 月 23 日播出的调查性报道,也是中央级媒体对网络借贷平台骗局进行的首次揭露。从 2008 年 7 月开始,全国多家网络借贷平台停止业务,有些平台甚至发生高管失联、跑路事件。一些网络借贷平台钻监管空子,行"欺诈"之实,给受害群众造成巨额经济损失,也严重毒化了社会风气。记者针对这一现象前往上海等地进行了实地调查。调查中,记者发现,部分网络借贷平台存在严重的不诚信经营行为。在获得用户的资金后,凭借一个凭空捏造的借款项目,轻而易举地把用户的钱转到了网络借贷平台负责人的关联公司中,然后两家公司同时消失。捏造项目、监守自盗、涉嫌非法集资,直接造成投资人的经济损失。节目获得金融主管部门高度重视。中央经济工作会议对网络借贷平台乱象整治工作做出部署。

清楚是否是自己曾经贷款的网贷机构,要通过正规渠道还款,不能随意添加客服人员的任何私人联系方式,随意将自己的财产转账给他人,更不能随意将自己的银行卡信息泄露出去。

校园贷确实存在着不合法、不合理的情况,因此青少年也要从自身做起,例如掌握金融贷款知识,提高对金融诈骗和不良借贷的防范意识;培养理性消费习惯,切忌盲目攀比;如有需要,谨慎选择线下正规金融机构;强化自我保护权益等。总之,树立对校园贷的正确认识,练就火眼金睛,与不良的校园网贷说拜拜!

第四节　低俗的网络色情

💡 你知道吗?

网络色情是指利用互联网进行传播的、具有社会危害性的、容易引发人们不道德性欲望的,导致普通人沉沦而没有艺术和科学价值的各种文字、图片、音频、视频等。因此,网络色情也被称为网络时代的精神毒品。

美国心理学家指出,目前美国网络色情成瘾人数正在增加,电脑已经成为 21 世纪的"性玩具"。它会像地雷那样随时爆炸,给人们的私人生活和工作带来巨大的破坏。

一、网络色情的可怕现状

互联网自诞生以来,以其独特的个性风靡全球。在这个开放而自由的空间里,色情找到了茂盛生长的新土壤。据不完全统计,每秒钟大约就有近 3 万人在浏览色情网站,因此,从严治理网络色情迫在眉睫。

近年来,我国在治理网络涉黄方面取得了重大成果,网络上的色情淫秽信息已大幅减少。但是,也有不少网友浏览网页时发现,在某些网站的弹窗、侧栏以及二三级网页,仍然存在大量较为隐晦、充满挑逗的"淡黄"信息。这些游走在色情边缘的"擦边球"行为在网上呈现出愈演愈烈的趋势,严重危害了青少年的身心健康。

2016 年,中国青年报社调查中心通过问卷网对 2001 人进行的一项调查显示,92.0% 的受访者直言遇到过网络色情"擦边球"现象;69.9% 的受访者认为,是网络平台通过色情噱头增加网站关注度;64.8% 的受访者表示任由此类现象发展会对青少年的人格发展和人际交往造成障碍。我国直播用户规模不断扩大,在相关部门的重拳整治之下,网络直播平台上低俗、色情、暴力等内容在不断减少,但一些含有色情、暴力的网络游戏、商业广告以及违背教育教学规律等内容的 App 进入中小学校园的情况仍存在,影响着学生的身心健康。据全国"扫黄打非"办公室称,2018 年在全国打击各类非法有害出版物活动、淫秽色情低俗信息、假媒体、假记者站、假记者和侵权盗版行为中,共收缴各类非法出版物

1590 万件,处置网络淫秽色情等有害信息 618 万条,取缔关闭网站 2.6 万个,查处各类案件 1.2 万起。

2018 年 10 月 26 日,全国"扫黄打非"办公室和国家新闻出版署就许多微信公众号传播低俗小说问题约谈了相关互联网平台,责令公众号立即下架违背社会主义核心价值观的网络小说,坚决清理传播淫秽色情等有害内容的微信公众号。

二、网络色情与青少年犯罪

随着互联网的普及与快速发展,网络在青少年的生活、学习和娱乐中占据了很大一部分空间。但是网络信息良莠不齐,在方便青少年学习、娱乐的同时,也在传播大量不利于青少年健康成长的内容。网络色情就是其中危害极大的一类。

在成长过程中,青少年若长期接触网络色情信息,容易沉迷而不自知。它不但影响青少年的正常生活,甚至会诱发其违法犯罪行为。网络色情引发的犯罪为何常禁常有?这背后的原因令人深思。

首先,人类对性的需求属于自然现象。目前,我国青少年性健康教育还存在很大的缺口。当青少年生理上迅速发育,对性产生好奇心,但没有正规的渠道获得系统的性知识时,他就可能利用其他手段和途径自学。因此,在网络色情信息的引诱下,青少年可能受到误导和伤害。

案例链接

严厉打击色情漫画网络平台

央视网消息：2020年1月，浙江"扫黄打非"部门联合杭州公安机关，打掉了一个以传播淫秽色情漫画来牟利的犯罪团伙，查实8个色情漫画网络平台，共吸纳近百万会员，其中七成为未成年人。

杭州市公安局网警分局民警董佳宁披露："这个犯罪团伙在境外服务器上搭建网站，并在境外漫画网站获取淫秽色情漫画，然后通过小说、电影、游戏等各种网络平台植入弹窗广告进行推广，诱导网民使用其网络平台或者关注相关微信公众号后，通过会员充值付费阅读的方式进行牟利。"这个犯罪团伙将消费群体设定为未成年人，嫌疑人通过文字结合图片的方式传播色情信息，具有极强的成瘾性、淫秽性。

在掌握充分证据后，杭州警方出动警力90多名，在全国七省市多地开展集中抓捕行动，共抓获19名犯罪嫌疑人，扣押大量涉案淫秽色情漫画数据。被抓的嫌疑人中，90后占大多数，他们都是互联网从业者，其中有人在互联网公司工作，下班后兼职运营色情漫画平台。

其次，不法分子观察到人们对性信息的需求时，以牟利为目的的网络色情信息服务应运而生。很多色情淫秽网站不仅通过图片、文字、游戏等方式传播色情信息，更通过论坛、聊天室进行性交易等。

新媒体技术飞速发展,网络的便捷性使人与人之间的互动性越来越强。网络互联互通,使网络色情具有了信息量大、传播范围广、控制难度大等特点。我国采取各种手段打击网络色情,相关部门更是建立了常态化管理体系,将监督与打击网络色情当成一项长期的工作来抓。

网络色情源于网络,所以对其监管和控制还要从网络技术入手。"防火墙过滤技术"是有效防止国外色情网站信息入侵的技术手段之一。一些网站自带色情图片和网址,用户在使用时防不胜防。这些软件在开发、使用时要进行严格的管理和监测,从源头上控制色情消息的传播和散发。

"修身洁行,言必由绳墨。"心理学家认为人在独处的时候,由于缺乏外界约束力,更容易受到一些不良信息,例如色情信息的诱惑。"慎独"恰恰是个人修养中最难的一课。一个人独处时的行为才能真正看出其品质。因此,青少年要洁身自好,不看黄、不传黄、不制黄,同时投入丰富的社会实践中,以减少网络色情对自身的诱惑。

此外,要有效杜绝网络色情对青少年的危害,青少年应接受正规的性教育。学校要运用多种方式在校园内开展青少年性健康教育,家庭也要密切关注青少年的性生理和性心理的发展,做好引导和教育的工作。对青少年进行性健康教育,社会、学校和家庭应承担起自己的职责。

资料链接

《互联网直播服务管理规定》

2016 年 11 月 4 日，国家互联网信息办公室发布《互联网直播服务管理规定》，自 2016 年 12 月 1 日起施行。该规定是为加强对互联网直播服务的管理，保护公民、法人和其他组织的合法权益，维护国家安全和公共利益而制定的法规。该规定明确禁止互联网直播服务提供者和使用者利用互联网直播服务从事危害国家安全、破坏社会稳定、扰乱社会秩序、侵犯他人合法权益、传播淫秽色情等活动。该规定的推出，确立了网信办在互联网直播监管中的总体负责协调角色，标志着网络直播进入系统治理阶段。

第四章

一起崇德向善净化网络

主题导航

❶ 加强网络道德规范建设

❷ 加强网络伦理教育

❸ 发挥网络伦理道德建设的主体作用

　　互联网技术犹如一把双刃剑，它在赋予我们自由空间的同时，也会让我们遭遇网络伦理风险的挑战，因此，我们要依靠伦理道德去疏导和调节。

　　道德是个人修身养性和治国安邦的重要工具。以德治网是一个系统工程。有学者提出，"以德治网，就是要以马克思列宁主义、毛泽东思想、习近平新时代中国特色社会主义理论体系为指导，积极建立与中国特色社会主义实践相适应的思想道德体系，通过宣传社会主义核心价值观，倡导社会公德、职业道德和家庭美德，在全体涉网人群中形成普遍认同和自觉遵守的行为规范，将道德与法律、行政、技术、舆论手段结合形成一个有效的系统，促进网络文化的建设和管理健康持续的发展。"[1] 对青少年来说，以德治网就是要围绕一个"德"字建设网络文化，共建共享网络文明。

[1]　邓新民 . 论以德治网 [J]. 探索，2008（2）：148—154.

第一节 加强网络道德规范建设

💡 你知道吗？

随着互联网技术的普及，网络场域中的网络暴力层出不穷，网络失信问题频发，网络价值观念混乱等"痼疾顽症"愈发凸显，大力加强网络道德规范建设刻不容缓。政府需要将以伦理道德治理网络的过程与和谐社会的发展理念相适应，与网络诚信体系的建设相协同，与社会主义主流价值观的践行相结合。

一、构建与和谐社会相适应的网络道德体系

网络就像"潘多拉的盒子"，带来希望的同时也会暗自滋长消极力量。如今，网络上出现了诸如网络谣言、网络暴力、网络侵权、网络欺诈和利用网络传播个人主义、享乐主义和拜金主义价值观等有违伦理的问题。这些问题与我国建设和谐社会、网络生态系统的初衷背离，若不能及时有效地处理好这些问题，不仅不利于我国的社会主义精神文明建设，也会影响社会的和谐稳定。

构建与和谐社会相适应的网络道德体系需要依靠政府、企业、学校和家庭的合力。

（一）网络世界怎么玩，道德规范来指引

拥有浩瀚资源的互联网是青少年益智广识的重要渠道，但青少年辨别能力较弱，比较容易"误入歧途"。

2013年11月，中央网信办、教育部、共青团中央等单位共同开展了"绿色网络，助飞梦想 —— 网络关爱青少年行动"，针对青少年群体进行互联网法律法规的宣讲普及活动，宣传普及互联网法律法规知识和安全上网、健康用网常识，引

资料链接

《全国青少年网络文明公约》

2001年11月22日，《全国青少年网络文明公约》正式发布。这部由共青团中央、教育部、中国青少年网络协会等单位联合发布的公约成为青少年健康上网的指导手册。公约内容如下：1.要善于网上学习，不浏览不良信息；2.要诚实友好交流，不侮辱欺诈他人；3.要增强自护意识，不随意约会网友；4.要维护网络安全，不破坏网络秩序；5.要有益身心健康，不沉溺虚拟时空。

导青少年增强法律意识，提升青少年网络素养和法制意识，形成科学、文明、健康、守法的上网习惯。近年来，学校教育、家庭引导和社会配合，加大网络道德教育力度，努力使青少年成为具有正确价值观的合格网民。

（二）平台责任要落实，建立绿色内容池

互联网平台要切实负起自身责任，摈弃唯利是图模式，对低俗、暴力、色情等不良内容坚决抵制，为青少年营造健康的网络环境。

当你发现痴迷网络的孩子不再捧着手机傻笑，酷爱网游的孩子被网络精品课程吸引，不用惊讶，这是网络平台使用"青少年模式"的结果。当网络平台切换"青少年模式"后，你会发现原先页面上游戏打斗、美女跳舞、明星八

卦等内容一扫而空，推送页面上出现了音乐、书法、绘画、手工等教育类益智性内容，休闲类以及生活实用技能等寓教于乐的精品内容。

2020年6月，抖音宣布将其专注青少年健康成长的"向日葵计划"进行全新升级，邀请百位专家、名人创作青少年保护课程、制作青少年安全成长动画、设立向日葵计划"护童专家团"、上线青少年守护官功能。专家团将持续就青少年成长的社会热点事件、防止未成年人受不法伤害、青少年心理成长等问题展开专业、通俗的直播互动。此外，家长还可以担任未成年人守护官。当视频下方弹出"你愿意给自己的孩子看这条内容吗"的提示时，守

青少年上网不该做的事

护官可给出自己的意见反馈。[1]

在推送内容的筛选方面,短视频平台制定了未成年人审核标准及应急机制,并成立未成年人内容评级团队。优质内容要分类,劣质信息要过滤,精品内容要扩充等。这些网络平台严控内容的背后是对互联网伦理道德的深刻反思:平台越大,责任越大;流量越多,风险也越大。为了行稳致远,互联网平台需要守住伦理道德的底线。

资料链接

网游有德 方能致远

2018年12月7日,网络游戏道德委员会成立,对首批20款存在道德风险的网络游戏进行了评议。报道称,经对评议结果进行认真研究,网络游戏主管部门对11款游戏责成相关出版运营单位认真修改,消除道德风险;对9款游戏做出不予批准的决定。[1]

此番规定也向一些通过版号审核的游戏敲醒了"警钟":一旦涉及"道德风险"就随时可能被整改。网络游戏道德委员会犹如一道安检门,将低俗、暴力、色情的游戏产品拦截在外,这有利于社会文化环境的净化和游戏行业的良性发展。

---

[1] 抖音向日葵计划升级:邀请百位专家名人创作青少年保护课程,2020年6月1日(https://3w.huanqiu.com/a/c36dc8/3yTTODwIhYS).

（三）老师家长齐引导,网德课程要上好

在信息技术大众化的情况下,学校和家庭教育处在不进则退的境地。正因为如此,老师和家长更应该加强协作,在课堂上和生活中引导青少年遵守网络道德规范,文明健康上网。

学校可以组织青少年参与网络道德相关的读书报告会、知识竞赛、主题演讲和辩论赛等活动,培养青少年文明上网的意识。此外,老师还可向青少年推荐如科普网、中青网等网站,为青少年的网络生活提供正确的引导。

在家庭中,家长应在尊重孩子的前提下监管其上网内容,尽量避免网络不良信息,比如,把电脑放置在书房等公共区域,安装反黄软件清除淫秽信息,关于网络内容等及时与孩子进行沟通,了解孩子的兴趣。此外,家长还应注重与青少年的情感交流,鼓励其参与体育运动、线下公益等活动,避免长时间沉溺于网络。

二、网络诚信清朗,看我青年力量

诚信是中华传统美德的重要组成部分。商鞅立木取信、季布一诺千金等典故是千百年来传颂的佳话。在互联网时代,诚信成为网络生活的"信用卡"。有诚信者畅通无阻,无诚信者寸步难行。

---

[1] 网络游戏道德委员会成立,游戏产业凛冬将至? 2018 年 12 月 13 日（https://mp.weixin.qq.com/s/RqT2PhIloZ2il-HXe1haAg）.

（一）没有"诚信码"，何以闯天下

网络的匿名性可以暂时隐藏个人的真实身份，但网络却磨灭不了个人活动的印记。在网络世界中，不诚信者企图用信息不对称的陷阱诓骗他人，一旦被揭穿，终将自食恶果。

在网络时代，青少年要主动树立起诚信价值观，将道德操守和自律精神内化于心、外显于行，努力守护好属于自己的"诚信码"。另外，需要加大舆论监督力度，宣传诚信青少年，对违反诚信者给予警告甚至曝光。网络舆论有时就像一面"照妖镜"，不诚信者将在镜子前现出原形。因此，青少年应努力做到"做诚信人，说老实话"。

 案例链接

翟天临"学术门"：光鲜的人设还需诚信支撑

2019 年 2 月 8 日，翟天临因在直播中反问网友"知网是个什么东西"，随后其博士学位的真实性受到质疑。

北京大学和北京电影学校调查审核发现，翟天临确实存在学术不端的情况，随即撤销其博士学位，其导师陈浥也被取消了博导资格。

作为演员，只要演技在线，学历高低本不是关键；但作为学生，无论是否为名人，学术规范必须诚信对待。有真才实学不怕挤水分，弄虚作假一定经不起推敲。高学历不是演出来的，而是靠真才实学淬炼而成的。捍卫学术诚信，保障招考公平，不是一句口号，而是必须落实到制度的信条。

（二）技术赋能,筑牢网络诚信"防火墙"

随着互联网技术的发展,"防火墙"的出现为网络诚信建设筑牢了一道防线。要想盗取他人账户资金,蚂蚁金服生物技术让你"原形毕露";要想上传淫秽色情内容诱导消费,苏宁平台智能图鉴系统自动过滤;要想虚假购物恶意刷单,百度智能建模一键拦截等。互联网技术在网络诚信领域深入渗透,失信之人必将受到惩罚。网络社会将向更公正、更安全、更诚信的方向发展。

（三）褒奖守信者,严惩失信人

诚信既不是自我标榜的噱头,也不是高高在上的牌匾。因此,政府要将诚信法律化、制度化,形成守信褒奖、失信惩罚的制度体系和管理制约。早在2013年,公民登录全国法院失信被执行人名单信息公布与查询平台,即可查询到全国各级人民法院录入的失信被执行人名单信息。假设"榜上有名",那么该公民将在一段时间内被限制消费,不能坐飞机,不能入住星级酒店,不能买房,不能支付高额保费购买保险理财产品。在公开、透明、制度化的监督机制下,诚信将成为网络生活的必需品。

三、"明大德、守公德、严私德"

习近平同志指出,"核心价值观,其实就是一种德,既是个人的德,也是一种大德,就是国家的德、社会的德"。"富强、民主、文明、和谐,自由、平等、公正、法治,爱国、敬业、诚信、友善"的社会主义核心价值观分别从国家、社会和个人三个层面回应了道德的内涵，即"明大德、守公德、严私德"。

由此可见，培育和践行社会主义核心价值观与构建网络道德规范体系，二者之间紧密关联，是内核和载体、内容和形式的关系。

（一）践行社会主义核心价值观的现实困难

以德治网与践行社会主义核心价值观，从国家层面来说，具有引导的一致性；从社会层面来说，具有担当的协同性；从公民层面来说，具有践行的相通性。然而在网络时代，网民尤其是青少年的价值取向趋于多元，青少年社会实践较少，网络舆论环境复杂，需发挥主观能动性落实社会主义核心价值观。其难度主要体现在以下几方面。

1. 网络诱惑重重：价值观的认同性欠缺

青少年正处于青春期，思想活跃，好奇心重，追求自由。在多元文化背景下，金钱至上、享乐主义等腐朽的思想观念会侵蚀青少年的价值观。当"网红"直播年薪百万时，你还会相信"知识改变命运"吗？当网络游戏满足你"称王称霸"的心理时，你还愿意面对现实的挑战吗？当炫富之风席卷网络，你还能沉静下来磨砺自己吗？在价值观多元化的今天，如何让青少年认同社会主义核心价值观，是青少年思想道德教育的主要内容。

2. "语言的巨人，行动的矮子"：价值观缺乏实践性

不少青少年能脱口而出社会主义核心价值观的内涵，但是仍会在网络上"大放厥词"。青少年在认知上知道必须诚信地对待学习和生活，但考试作弊的现象仍然存在。

3.“洪水猛兽”夹击:价值观受到网络文化冲击

在网络时代,自媒体“大 V”为了追求流量和商业利润,恶搞英雄、历史人物,发布色情淫秽内容,散布惊悚谣言制造噱头等。社会主义核心价值观在虚假信息、淫秽信息和负面信息的冲击下难以释放其能量。

(二)如何践行社会主义核心价值观

为了适应新时代的发展,继承民族复兴的大业,青少年要主动践行社会主义核心价值观,发挥其对网络道德建设的引领作用。

1.创造优秀网络文化产品,增强价值观认同感

社会主义核心价值观作为意识形态,必须借助一定载体 —— 网络文化产品的表现。优秀文化润物细无声,能培育人的品格,滋养人的心灵,启迪人的智慧,将社会主义核心价值观诠释得生动而有力。

网络上涌现出一批优秀的文化综艺类节目,如《国家宝藏》

案例链接

讲述生活故事,传递人文情怀

中央电视台推出一系列口碑与收视齐佳的文化类综艺节目,《朗读者》是其中的经典节目之一。《朗读者》以“朗读”为形,以“者”为核,关照的重心是人。在《朗读者》的舞台上,既有社会名人,也有普通百姓。节目中,他们尊重他人,也获得他人的尊重。表演艺术家濮存昕以一位感恩者的身份,用真情朗读了

老舍的一段文字,送给曾经帮他做手术的荣医生,以此感谢生命中的恩人。商界传奇柳传志以一位普通父亲的身份为儿子朗读,传递朴素而又深沉的父爱。配音大师乔榛以丈夫的身份,为陪伴自己战胜死亡威胁的妻子朗读,展现婚姻的伉俪情深。

让人动情和催人泪下的还有那些素人朗读者。尽管他们是平凡又普通的人,却表现出不平凡的人间大爱和责任担当。

郭小平原本是临汾市一家大医院的院长,2004 年他为了让患艾滋病的孩子们顺利上学,便和同事一起办起了"爱心小课堂",设立了临汾红丝带学校,成为当时国内唯一一所艾滋病患儿学校。

之后,郭小平毅然辞职,倾尽所有,全身心投入艾滋病患儿的教育事业,成了孩子们离不开的好爸爸。他用沙哑的声音朗读了拉迪亚德·吉卜林的《如果》,送给 33 个孩子,希望他们平安幸福,将来能有好的生活。《朗读者》用人与人之间相通的质朴情感讴歌了生命大爱,展现出浓厚的人文情怀。

在喧闹的综艺节目市场中,《朗读者》躬身对节目所承载的文化价值进行深耕与发掘,用朗读将无声的文字转化成有声的情感倾诉和细腻的人文关怀,表达出对民族的挚爱和对真理、艺术的深入思考。这些纠结与顿悟、忧愁与喜悦、愤懑与感动,远比浮夸的表演、快餐式的消遣更加丰富饱满、生机蓬勃。[1]

---

[1] 《朗读者》:以朗读美文引领文化传承,坚定文化自信,2017 年 3 月 8 日（ https://mp.weixin.qq.com/s/XltvO0nj2hghAuVju6u6eg ）.

《中国诗词大会》《朗读者》等。这些节目以主流媒体的网络平台为载体,以社会主义核心价值观为内涵,淋漓尽致地展现中国优秀传统文化的精髓和魅力,于细节处传递中华传统美德与价值观念。此类优秀的文化节目跨越年龄、职业和生活背景障碍,解开青少年体内的文化密码,引发青少年对中国传统文化的情感共鸣和价值理念共振。

2. 借助新媒体社交黏性,动员参与点滴善行

社会主义核心价值观的培育和践行需要全体社会成员的广

案例链接

小朋友画廊

"小朋友画廊"是 2017 年 8 月 17 日由腾讯公益等公益机构联合发起的线上线下互动的微公益项目。网民支付 1 元钱即可购买自闭症儿童的绘画作品。该项目上线后,在微信朋友圈呈"刷屏之势",仅 7 小时就吸引了 500 多万人参与,筹集资金 1500 多万元。这个项目唤起了人们对自闭症儿童的关注,并借助新媒体强大的传播力,让正能量扩散到更广的范围。

泛参与,网络新媒体扮演着重要的角色。不同于传统刻板的培育路径,青少年可以在新媒体平台上选择个性化、多元化的方式解读和传递社会主义核心价值观,比如转发、点赞、评论、创作等。新媒体传播方式契合了青少年旺盛的表达欲和创作欲,满足了社交的需求和自我实现的需求,可以发挥集群效应,形成道德涟漪。

3. 将价值观转化为细微行动,融入生活图景

将社会主义核心价值观落实到生活是内化于心、外化于行的重要方式,也是青少年提升自身修养的内在要求。我们不仅要将社会主义核心价值观融入生活发挥其指导作用,也要在生活中不断丰富社会主义核心价值观的内涵。这就要求青少年从身边的小事着手,从细微处着手。比如,2015 年荧光夜跑活动席卷北京、上海、深圳等众多城市。运动爱好者身穿涂满荧光涂料的 T 恤参与夜跑,传播节能环保的理念。这类有趣、有益的活动符合青少年个性化的公益理念,也使社会主义核心价值观通过公益行动融入生活图景。

第二节　加强网络伦理教育

💡 你知道吗？

　　网络伦理指人们在使用网络时，形成的各种社会关系背后所涉及的道德行为规范。从狭义的角度来看，网络伦理就是指网络这个虚拟环境中包含的道德行为规范的总和。从广义上来看，网络伦理还包括网络行为对整个社会产生的影响进而形成的伦理关系。

　　在网络碎片化传播语境下，青少年群体思维的独立性、多变性、差异性明显增强，价值取向日趋多元。在这种环境下，单一的外在管控难以正本清源，去除网络中的"乌烟瘴气"。而网络伦理教育是一种有效内化的方法，有利于让包括道德规范在内的各种外在力量内化为网络主体的自觉力量。

一、晓之以理：普及网络伦理知识

　　网络伦理是基于网络信息技术的人类社会所表现出的新型

的道德关系,以及对人和多种组织提出的新型伦理要求、伦理标准、伦理规范。它具体表现为网络空间中人们所表现的社会意识和行为规范的总和。网络伦理简单来说就是,人们通过电子信息网络进行社会交往而体现出来的道德关系和道德规范。加强网络伦理教育的第一步就是要普及网络伦理知识,让青少年知道在网络世界应"有所为,有所不为"。

(一)人无信不可立,网络诚信是基石

在网络道德体系中,网络诚信是网络社会中的诚信价值观,是一种具有根基性的道德品质,它决定着网络世界的可信任度与可依赖度,是促进网络主体道德形成的前提。青少年作为互联网受众群体之一,在社会转型期的负面影响下,存在某些网络诚信缺失行为,其主要表现包括以下几个方面。

1. 网络学习的作假行为

网络为青少年提供学习便利的同时,也方便了其在学业中弄虚作假。青少年可以使用网络搜索功能查询和下载资料,也有些青少年会心存侥幸,在作业和考试中作弊,甚至不惜以牺牲诚信为代价,弄虚作假得高分。

2. 网络社交的失信行为

在网络开放的话语空间中,青少年容易成为谣言的传播者,也可能变成网络谣言的始作俑者:或是为吸引他人眼球传播谣言,或是为发泄私愤诽谤他人,或是在网络平台隐藏自我,用虚拟的人设进行社交。这些失信行为使青少年游走在道德和法律的边缘,伤害自我和他人。

3. 网络交易的欺诈行为

2015 年,海口市一名在校大学生在名为"欧冠足球"的网络游戏平台上发布虚假信息,诱骗网游玩家登录自己制作的虚假网站充值共计 6 万元,被判入狱 3 年。[1] 还有青少年使用黑客技术攻击网络平台盗取钱财。这些都是网络欺诈行为的典型表现。

针对青少年网络失信的种种行为,网络诚信教育不仅要继承传统教育的优势,而且须把理论和互联网技术相结合,顺应时代的脚步,不断拓展网络诚信教育的深度和广度。首先,要创新理论学习方法,减少或直接摒弃照本宣科的灌输式教育,在课堂与学习生活中采用更为丰富的多元化教育方式。在"互联网 +"时代,借助移动互联网平台、主动占领在线教育平台是有效实现网络诚信教育的重要途径。比如通过微信群、朋友圈、微博等,调动青少年的积极性,充分应用热点案例、微课堂、微电影、舞台剧、情景剧等调动青少年互动参与,在互动中达到诚信教育的目的。其次,要不断强化诚信教育实践内容,把网络诚信教育充分融入社会实践活动中,通过野外拓展或小游戏、科技竞赛、网络宣传等活动,在实践中培养青少年的诚信意识,达到知行合一的目的。此外,还需进一步完善青少年诚信教育档案,让青少年个人网络诚

---

[1] 邢东伟 . 海口一在校大学生诱骗网游玩家登录虚假网站充值 6 万入狱,2015 年 2 月 2 日 (http://news.sina.com.cn/o/2015-02-02/183431473089.shtml).

信档案与社会信用体系对接,充分运用诚信奖罚制度与信用监管制度,奖罚分明,加大信用监管力度。

(二)"别问我为什么拉黑你",网络礼仪很重要

网络礼仪(netiquette)是"网络"(network)与"礼节"(etiquette)的结合,是一种数字礼仪,是网民在网络上为了避免行为失范而遵守的一系列条文式的在线行为规范。网络礼仪是在网络相互交往中所形成的,是网民行为文明程度的标准和尺度。现实中有电话礼仪、书信礼仪,在网络社交活动中有 @ 、转发、评论、私信、微吧、微访谈等。语音短信、视频录像、文字和图片(包括表情、照片)等作为重要因素进入交流礼仪。网络礼仪是现实礼仪的一种延伸和重塑。掌握网络礼仪的基本内容,也是青少年遵守网络道德和伦理规范的重要一环。大体而言,目前的网络礼仪主要由问候礼仪、语言礼仪和交往方式礼仪组成。

1. 问候礼仪

问候礼仪是指在网络交往空间中问候和称呼对方时应遵守的规则。当网络表情包席卷社交平台,一键群发就能问候一群好友时,你还会耐着性子遵循现实生活中的"繁文缛节"吗？ 如今,不少青少年在家庭微信群中问候长辈时为了省事并不使用尊称,而是直接 @ 长辈的名字。看似简便,省去的却是对长辈应有的尊敬和问候他人时应有的礼节。

2. 语言礼仪

语言礼仪指青少年在网络社会交往中语言表达应遵循的规

则。在微博、微信、论坛和贴吧等青少年网民的集中地带,泛滥着浅薄化、流俗化的网络热词,如"屌丝""装逼""卧槽""日了狗了"。网络语言可以轻松搞怪,但绝不能轻薄低俗。网络时代也要"好好说话"。学校应该将网络语言教育纳入语言教育体系,矫正青少年逐渐异化的语言审美,挽救网络时代被人遗忘的语言礼仪。

3. 交往方式礼仪

交往方式礼仪指在网络社会交往中采取某种交往方式时应遵守的规则。如发送邮件之前要写明信件"主题";进入微信群要及时修改备注;新加入一个论坛或一个群需要潜水一段时间,了解相关版规、群规,大家的交流方式、禁忌,不要发表引战话题,不挖掘、泄露他人隐私,等等。这些是我们在网络交往中需要注意的基本礼仪。青少年只有达到这些起码的要求,才能向着更严格、更高的网络道德标准迈进。

(三)网络素养提升正当时

网络素养是对网络作为一种新媒体的认知,对网络信息分析、筛选、传播、批判等反应的集合,更是利用网络实现自我发展和完善的综合能力。

为了提升青少年的网络素养,首先,要广泛开设网络素养教育相关课程,运用案例式、情境式、启发式教学将网络素养的理念与要求讲深讲透。其次,要开设网络素养专题讲座,帮助青少年掌握基本的网络技能,学会安全上网的方法,克服盲目轻信与过

加拿大反网络欺凌媒介素养课程个案研究与启示

网络欺凌（cyber bullying），又称网络霸凌、在线欺凌等，是指通过互联网渠道故意、持续性地对他人造成伤害。而由于网络欺凌的身份隐匿性、途径多样性、监控困难性和传播广泛性，网络欺凌的后果可能比真实世界中的欺凌事件更为严重，美国、英国、加拿大等国家均发生过青少年因网络欺凌而自杀的事件，梅根自杀案就是典型案例之一。可见，网络欺凌现象已成为影响青少年网络交往的重要因素，反网络欺凌的媒介素养教育应受到教育者和研究者的高度关注。加拿大数字与媒介素养中心（Canada's Centre for Digital and Media Literacy，又称Media Smarts）联合加拿大政府和加拿大教师联盟共同开发了针对网络欺凌的媒介素养教育课程——"网络欺凌：鼓励道德的在线行为"。

"网络欺凌：鼓励道德的在线行为"课程主要面向5—12年级学生，针对不同年级的学生设计了五个主题模块，包括"网络欺凌介绍：头像和身份（5—6年级）"，即通过现实世界中的角色扮演游戏，让学生了解如何捕捉和识别他人的情绪线索，理解别人的感受，培养青少年的同理心；"理解网络欺凌：虚拟世界与物理世界（7—8年级）"，即通过模拟虚拟世界中的交往，让学生认识到虚拟世界交往与真实世界交往的联系和差异；通过展示网络欺凌的真实案例，使学生了解到网络欺凌的危害和同理心在网络交往中的重要性。这两个模块主要引导学生认识网络欺凌现象，了解网络欺凌行为的特点；"网络欺凌与公民参与（7—8年级）"及"网络欺凌与法律（7—8年级与9—12年级）"则分别从道德、法律层面探索网络欺凌的社会影响及相应规范；"促进道德的网络行为：我的虚拟世界（7—9年级）"模块主要通过引导学生对个人网络形象进行审视与反思来改善其网络行为，注重于促进个体良好的网络行为。此外，每个模块包括课程概览、学习目标、准备工作与学习材料、学习过程、家校连接五个部分，每个模块中还包含了相应的课堂工具包，包括网络欺凌的知识背景材料、父母指导手册和个人活动手册等。[1]

度恐惧两种不良心态。最后，老师和家长要鼓励青少年在信息时代敢试敢为、把握机会，使自己善用网络解决问题，成为现代社会的终身学习者。

二、动之以情：培养网络道德情感

道德情感是指受教育者对道德认同由内而外流露出的真实感情，它使道德认识变成道德信念，并转化为道德行动。苏霍姆

---

[1] 肖婉,张舒子.加拿大反网络欺凌媒介素养课程个案研究与启示——基于"网络欺凌:鼓励道德的在线行为"课程的分析,外国中小学教育,2016（9）.

林斯基曾说:"没有情感,道德就会变成枯燥无味的空话,只能培养出伪君子。"现实生活中我们不难发现,有些青少年虽具备网络伦理知识却常常犯规,甚至挑战网络道德的底线。青少年网络伦理失范不仅与是否掌握网络伦理道德知识相关,更与是否具有网络道德情感紧密关联。

（一）网络道德情感的内容

当看到幼儿园虐童事件霸占微博热搜时,你是否义愤填膺?当声讨保姆纵火案凶犯的舆论席卷网络时,你是否也为痛失亲人者感到心痛,为人性之恶感到心寒? 当在网络上看到沈阳首设"扶老人风险基金"的新闻时,你心中是否有欣慰和感动? 网络道德情感看不见、摸不着,但它就像流淌在人们身体里的血液一样重要。具体来说,网络道德情感包含网络道德羞耻感、网络道德移情感和网络道德责任感。网络道德羞耻感教会我们自省,网络道德移情感教会我们换位思考,网络道德责任感教会我们付出和承担。

（二）培养网络道德情感的路径

道德情感是道德行为产生的心理基础,催发人们的仁爱之心和恻隐之情。在网络生活中,你是选择做冷漠的网络施暴者、冷眼旁观的看客,还是选择做仗义执言、正能量的网络达人,它很大程度上取决于你内心的道德情感是否被激发。网络道德情感的激发和培育可以从以下几个方面做起。

1. 传递网络正能量，建构美好道德记忆

近年来，"晒"已成为一种网络文化，政府"晒"政务，社会"晒"风气，群体"晒"业绩，个体"晒"亮点……"晒"成为网络传播的流行方式，是网络道德记忆的储存与分享。美好的道德记忆是网络社会公德的风向标，提醒青少年"有所为"，警醒青少年"有所守"。

2014 年，冰桶挑战项目在网络红极一时。比尔·盖茨、科比、刘德华、李冰冰等众多明星名人纷纷为之助力。该活动的规则是应战者先用一大桶冰水往头上淋，并点名其他人接受挑战，不接受挑战者需向慈善组织捐款。这种娱乐化的公益形式借助裂变式的网络传播唤起了人们对"渐冻人"群体的关注，并在网络空间形成一股暖流。时至今日，网络空间关注弱势群体的形式在变，但善意永恒。

2. 发挥榜样力量，从冷漠旁观到施以援手

情感的孤独、感情的冷漠、同情心和责任心的缺失、道德被放逐、精神上无依靠等引发的负面情绪，正在不知不觉地侵蚀着青少年的健康成长，给部分青少年带来茫然与困惑。根据青少年模仿性、可塑性强的特点，我们要通过树立榜样，向榜样学习等活动激发青少年。2019 年 6 月 17 日，宜宾长宁发生 6 级地震，贵州遵义泮水中学有较强震感。13 岁的学生顾欣瑶站在楼道内有条不紊地指挥宿舍同学有序撤离，赢得了全网赞誉。但从"冷漠的旁观者"到"道德的守护人"的转变并非易事。树立正面榜样，加强情感沟通，才能引发青少年的心灵共鸣和情感共振。

案例链接

13 岁少女开发 "反网络凌虐" App[1]

印度裔美国少女 Trisha Prabhu 在 13 岁时阅读了一篇新闻：来自佛罗里达州的 12 岁女孩因为不堪同学欺凌而自杀。Trisha 感到震惊和愤怒，她意识到自己应该做点什么去守护全世界 18 亿青少年。她瞄准的不是网络暴力的受害者，而是发动网络暴力的人。她利用自己学习过的编程知识，创作出一款名叫 ReThink 的 App，这款 App 致力于检测网络发言中存在的伤害性词汇并给予提示："你的信息可能会对大家带来危害，真的要发布吗？"通过警示性语言阻止仇恨的在线传播。

ReThink - before the damage is done!

ReThink is an award-winning, innovative, nonintrusive, patented technology that effectively detects and stops online hate before the damage is done.
ReThink is a student-led movement too!
With ReThink lets end online hate - one message at a time.

微小的一步被证明成效卓著。Trisha 针对学校中 1500 个学生进行了测试，最终发现经过系统提示之后，青少年选择"恶语伤人"的比重由 71.4% 降到 4.6%。

---

[1] 网络欺凌肆虐校园，13 岁女孩开发 App 守护 18 亿青少年，2018 年 11 月 16 日。(https://mp.weixin.qq.com/s/eg7BahNKzcynsVsHz89t8w).

> 由于 ReThink 的发明，Trisha 被谷歌全球科学展提名，还被授予麻省理工学院 INSPIRE 2016− 亚里士多德奖和 2016 年伊利诺伊州高中创新奖等诸多奖项。Trisha 还受奥巴马总统邀请，参加白宫科学博览会和斯坦福大学全球企业家峰会，以展示 ReThink 这项伟大创造。

3. 优化网络道德情感培育的环境

青少年道德情感的培育离不开家庭、学校、社会三方面环境的优化。从家庭环境来看，家长应为青少年营造一个有爱的环境。在层出不穷的网络热点事件中挖掘鲜活生动的素材，引导青少年关注现实生活中的社会问题和弱势群体。从学校环境来看，学校应增设一些人文艺术类课程，培养青少年的感性思维和情感表达能力，引导他们用心去感受大千世界的悲欢离合。从社会环境而言，需要大众传媒关注基层民生，挖掘感人故事，传递人间真情，感染万千大众。比如新华社承办的"中国网事·感动2018"网络感动人物评选活动，寻找基层普通百姓群体中各个领域的网络道德模范，线上线下反响热烈，引发网民情感共鸣。

三、道德"进化论"：立好网络世界"三观"

网络改变了文化传播方式，并对我们的行为模式、价值取向、心理发展等产生越来越大的影响。比如,看到网络炫富、直播打赏,青少年可能以为一夜暴富不是梦;看到虐待动物、生吞蚯蚓的短视频,青少年可能以为猎奇才能彰显个性。为了不让青少年误入歧途,网络世界的德育工作要肩负起针对网络社会意识进行青少年网络道德教育的使命,即把世界观、人生观和价值观教育作为以德治网的重要内容。

（一）虚拟世界里青少年潜藏的"三观"危机

青少年人生观、价值观和世界观面临着多元文化思潮的冲击,潜藏着如下危机。

1. 信奉价值虚无,追求功利人生

在泛娱乐主义网络思潮的影响下,青少年容易信奉实用主义、功利主义和利己主义,陷入相对主义和虚无主义的价值观危机。这可以从青少年崇拜对象的嬗变中感知到。高富帅、白富美成为吸粉的强力"资本",其年龄、经历、家庭、情感等信息成为青少年关注的焦点,对高尚价值的追求反而会被看成是矫情、做作,甚至不正常。

2. 瓦解传统道德观念,混淆道德判断标准

网络文化既有精华,也有糟粕。在资本市场的推动下,一些同质化、低俗化的网络文化内容以电子产品形式源源不断地输送给青少年。在商业利益的驱动下,媒体、商家、明星为抓住大众眼球,采取一切手段,利用人们的好奇心、同情心贩卖假新闻、假消息,制造假募捐。这些鱼龙混杂的信息中夹杂着道德绑架、攻击、

青少年网络直播重金打赏

电影《受益人》中，中学生假扮"金总"打赏给网络主播岳森森6万元，家人找上门来，要求赔偿打赏费。《中国青年报》曾报道，16岁的中学生偷偷用父母的手机在三个月的时间内陆续支付40万元给网络直播主播。

这样的典型案例折射出的是部分青少年精神世界的空虚和人生情趣的低级。如今，商业包装出来的娱乐明星、网络红人取代了过去的民族英雄、科学家、文化巨匠，成为部分青少年的偶像，对物质、名利、享乐的追求替代了以往的精神、价值与信仰，青少年的三观危机已经凸显。

谣言和谩骂，模糊、混淆青少年的道德判断标准。比如《二十二》这部记录22位慰安妇幸存者的严肃纪录片，人物截图被制作成表情包在QQ上流传。慰安妇是特定时期日本军国主义对我国进行侵略、践踏中华民族尊严的罪证，无知的青少年在表情包文化的影响下竟然不顾民族伤痛，触及人伦底线，反映了其价值观的扭曲和网络道德的沦丧。

3. 自我建构能力缺失，自主判断能力减弱

青少年容易迷失在碎片化、娱乐化的信息场域，无力思考人生的意义，找不到自我存在的价值。一方面，"我"是网络的主宰。

"网络主播""腐文化""草根"等网络名词对身份进行重新诠释，颜值、穿戴、财富逐渐成为定义成功的标志。另一方面，现实与虚拟的差距引发现实自我与虚拟自我的矛盾。因此，青少年在网络社会可能减少与真实社会的接触，失去对现实世界应有的认知，从网络中寻求安全感和认同感，缺少自我建构的实践机会，削弱了自主判断的能力。

（二）别让网络带偏了你的三观

泛娱乐主义带来的实用主义、享乐主义和功利主义，侵蚀青少年的精神信仰。低俗趣味的关注阻碍青少年积极人格的培养。青少年受庸俗的商业文化的影响而变得过于现实。在网络社会，要培养青少年的文化鉴赏力、反思力与批判力，以提升青少年的文化品位，积极引导他们树立正确的世界观、人生观和价值观。

1. 网络青年意见领袖应发挥榜样力量

利用网络意见领袖充分地引导舆论，使青少年在面对任何问题时不盲从、分是非，正确看待社会热点事件，不发表过激言论，更不实施过激行为。通过网络意见领袖可以反映网民诉求，引导社会舆论走向，形成舆论压力，引导青少年形成正确的世界观、人生观和价值观。例如，南海仲裁事件中，中国政府表示不接受、不参与和不承认。随即，共青团中央、青年演员等纷纷在微博发声表示"中国，一点都不能少"。青少年在正能量意见领袖的感染下，纷纷表达捍卫祖国领土完整的决心和爱国之情。

资料链接

意见领袖

　　意见领袖又叫舆论领袖,是美国著名社会学家保罗·拉扎斯菲尔德提出的。它是指在人际传播网络中经常为他人提供信息,同时对他人施加影响的"活跃分子"。他们在大众传播效果的形成过程中起着重要的中介或过滤作用。他们将信息扩散给受众,形成信息传递的两级传播。

　　中国网络青年意见领袖是指在互联网上能够给青年提供各类信息、意见和评论,并能制造和引领青年舆论的一类青年。网络青年意见领袖的构成主要有传媒圈青年才俊、青年商界精英、青年文体明星、青年专家学者、青年白领和在校大学生、青年政治精英群体等。

　　2. 创设有效议程,加强主流价值观的微传播

　　随着青少年接收信息方式的变革,可将微传播运用到青少年价值观的培育中。

　　微传播具有发布信息量多、内容时长短、精简扼要、传播速度快、低语境等特征。比如,政论"微视频"《习近平用典》。用故事视频的方式告知青少年典故的出处和现实意义,有趣、有益、有传播力。再比如,《人民日报》邀请广大网民接受手指舞挑战,众筹《中国很赞》MV,引来大批青少年的追捧。这些文化养分足、价值

气息浓的微传播作品滋养着青少年的精神世界,帮助他们形成正确的价值观。

3. 培养青少年的文化鉴赏力、反思力与批判力

"我们用无线电给每个人播送最佳的音乐和文艺节目,可是我们所听到的却多是低级趣味的喧哗或有损智慧与趣味的广告。"[1] 这种现象凸显的是人们文化鉴赏力、反思力和批判力的缺失。

为提升文化素养和精神修养,青少年应自觉摒弃媚俗的文化产品,接受高雅文化的熏陶。我们与其为玛丽苏宫斗剧熬夜伤神,不如翻开《红楼梦》品一品明末清初的人间百态;与其在网络游戏中拼搏厮杀,不如在历史传记中感受英雄人物的豪情。工业文明侵袭之下,我们需要擦亮眼睛寻找文化精品,赋予生活以自主的、积极的、符合时代精神的价值品位,拒绝虚幻缥缈的消费符号诱惑,回归有意义的真实人生。

---

[1] 艾·弗洛姆. 自我的追寻 [M]. 上海:上海译文出版社,孙石,译. 2013:167−168.

第三节　发挥网络伦理道德建设的主体作用

你知道吗？

　　网络世界纷繁复杂，该如何保障未成年人的安全呢？一些家长和学校选择限制甚至禁止上网和使用手机，让孩子远离网络这块是非之地。但是这种极端的做法，既不利于未成年人正常融入社会，也会让他们错过很多培养健全人格和文明意识的机会。以德治网，就是要让青少年拥有平等自由参与的机会，拥有自我认识、自我管理、自我服务，发挥自我激励和自我完善的潜力。所以，我们需要从求知、慎独和笃行三个方面充分发挥青少年道德主体的作用，以达到网络伦理道德教育的目的。

一、求知：提高网络伦理道德认知水平

　　在网络上匿名辱骂他人是否可以逃脱道德的审视？与素不相识的网友就能畅谈无阻吗？以道德为名就能对他人暴力相向吗？当这些问题在你的脑海中一闪而过时，你是否也有困惑？网

络道德是人生的必修课,需要青少年在理论和实践中慢慢研习。

（一）网络道德与现实道德共建

作为现实社会的成员,大多数人都知道要遵守公序良俗,表现得彬彬有礼。但徜徉于网络社会之时,却口无遮拦、恶意满满。我们要知道:现实社会中的不道德行为与网络上的不道德行为在本质上是完全一致的。

基于此,青少年应厘清网络与现实的关系,建立起网络道德与现实道德之间的良性互动,即正确发挥现实道德对网络道德的主导作用、网络道德对现实道德的反作用,利用网络道德强化现实道德,丰富、扩展现实道德的内涵。当前,利用网络进行的爱心募捐、互相帮助等事例不胜枚举,这也是互联网上人际交往的一大创新。从"蚂蚁森林"的种树活动到微信朋友圈的"水滴共筹",青少年在各种各样的互联网公益活动中扮演着传播者、动员者、参与者等多种角色,而这些活动也帮助网络社会成员树立了诚信、自律和互相帮助的良好道德心理素质。

（二）道德有锋芒,善意不可欺

当你打开微博,发现"某明星"又"去世"了的消息时,先别着急转发蜡烛以示悼念,这可能是营销号在"作妖";当你被网页中弹出的"拐卖人口"的新闻所吸引时,先别着急扩散传播,这可能是发布者恶意隐瞒已处理结果,发布的不实信息;当你被推送"病毒感染食品流入市场"的消息时,先别着急转告亲朋好友,这可能是造谣者故意制造恐慌、博取眼球,以骗得转发与关注……

识别正规网站的六个准则

1. 山寨类、钓鱼类网站大多制作粗糙，提供虚假服务热线，涵盖公司地址、公司联系方式等内容的相关页面无法打开，或者页面上存在明显错误。

2. 检查该网站有没有公布详细的经营地址和电话号码。

3. 友情链接。一个正规的网站都有和其他网站的友链交换。你可以通过查看它们的友链来分辨网站的可靠性。友情链接的网站权威性和知名度越高说明这个网站的可信度越高！

4. 通过工具查询。这里推荐大家使用站长工具查询。这里面很全面，可以查询网站备案信息：友情链接、百度权重、谷歌 PR 值等。

5. 不支持第三方支付。正规的代理商均会采用第三方在线支付平台或网上银行进行交易，而不会要求消费者直接汇款。

6. 客户投诉渠道。正规的网站都设有客服投诉渠道，包括热线电话、QQ、论坛等各种不同的形式，用于解答消费者的各种问题。

资本的触角渗透到网络世界的各个角落，它利用人们的善意攫取利益，实现自己的目的。比如在微博上，经常活跃着不少网站推广广告。他们通过给予金钱回报的方式掌控着不少百万粉丝级的微博账号。而这些"大V"发布的内容可能真假不一、三观不正,我们千万不能迷信,让自己的"一片好心"被利用。

青少年一方面可以关注《人民日报》、"共青团"等权威信息源,及时把握真实可靠的信息;另一方面可以通过把新闻中的图片、地点、人物等关键要素进行二次搜索鉴别真伪。对于弘扬网络正能量的事件,我们不妨积极点个赞;遇到需要"雪中送炭"的情形,我们不妨转发扩散,略尽绵薄之力;对于恶意造谣行为和营销炒作的内容,我们可以选择屏蔽和举报。道德需有锋芒,善意不可欺骗,这是涉世未深的青少年在复杂的网络环境中需要明白的道理。

(三)避开认知误区,拒绝网络道德绑架

谈到网络中的道德绑架,首先我们要知道道德绑架是什么。所谓道德绑架,是指用圣人的标准要求普通人,用美德来要求道德义务,或混淆政治义务和道德义务。相信不少人在使用微信时,一定对网络上那些"不转不是中国人""爱国者必转"之类标题的文章深恶痛绝。如果转发,这些无法证实内容真伪的文章会被好友们吐槽;如果不转发,又觉得莫名其妙被"开除国籍"很郁闷,青少年也害怕自己被扣上不爱国的"帽子"。

"不转不是中国人"无疑是一种道德绑架乃至道德逼迫,打着如此旗号的文章十有八九是不靠谱的谣言、谎言、夸大之言,青少年要坚决抵制。

微信官方已发文宣布,此类涉嫌诱导分享的内容将被全面封杀。如发现此类信息,微信官方平台将立即停止链接内容在朋友圈的继续传播、停止对相关域名或 IP 地址的访问许可,短期封禁相关开放平台账号或应用的分享接口，对于情节恶劣的传播者将永久禁封账号。

二、慎独：道德需要内化于心

利用慎独思想强化青少年的网络伦理道德，需要从以下几个方面入手。

（一）贯彻慎微：言有所戒，行有所止

千里之堤，溃于蚁穴。青少年作为网络道德的重要主体，在网络空间中要谨言慎行、防微杜渐，严格规范自身的一言一行。

1. 不损害他人权利

我们在网络上的言行，不应当对他人的名誉、隐私、人格尊严等人身权利，与他人的经济财产权造成损害。侮辱、诽谤他人，曝光他人隐私，窃取、损害他人财产等，都是侵权行为，应当禁止。

2. 不违背公序良俗

传播低俗文化将造成受众价值取向偏离和价值观的迷失，不能为社会提供价值。有些言行，从法律上讲可能不会侵犯他人权

知识链接

慎 独

"慎独"一词最早可追溯到《礼记·中庸》。其中记载："是故君子戒慎乎其所不睹，恐惧乎其所不闻。莫见乎隐，莫显乎微，故君子慎其独也。"

慎独作为提升道德修养的根本途径，旨在使道德主体依据道德标准展开自我提升和自我改造，引导道德主体将事情做好、做完。

利,但会对公序良俗造成破坏。直播杀害、虐待动物,宣扬不符合人类普世价值的异端宗教观念等,都是违背公序良俗的行为,会污染社会风气,侵害广大受众群体的利益,应当禁止。

3. 不偏离客观真实

"有一说一,有二说二。"不捏造事实,不传播虚假信息。虚假信息对青少年的危害很大,隐蔽性强。如微信朋友圈、论坛、社交平台等发布的"重磅""辟谣"信息,有可能是虚假信息。青少年在网上要做到实事求是地发表言论。

（二）贯彻慎辨：青少年没那么好骗

慎辨,要求人们面对复杂世界时分辨出事实,做到不盲听、不盲信、不盲从。网络世界同样需要青少年练就一双慧眼。青少年要学会主动筛选信息,提高辨别能力,过滤不良信息,防范不法之徒。

资料链接

2019年未成年人互联网使用情况

共青团中央维护青少年权益部和中国互联网络信息中心联合发布的《2019年全国未成年人互联网使用情况研究报告》显示,2019年我国未成年网民规模为1.75亿,未成年人互联网普及率达到93.1%,未成年网民中过去半年内未遭遇过各类网络安全事件的比例为66.0%。[1]

---

[1] CNNIC. 2019 年全国未成年人互联网使用情况研究报告 . 2020 年 5 月 13 日（https://mp.weixin.qq.com/s/_mHwy8EJor4PQC7MRFmFfw）.

1. 涉及钱财，当心网络诈骗

青少年应定期更换 QQ、微信、邮箱账户以及各类论坛账户的密码，以防他人盗取信息。网络交友中若涉及钱财或物品信息，要及时告诉老师和家长，以防被骗。发朋友圈时，注重保护家庭住址、身份证信息等个人隐私，不扫描来路不明的二维码，不轻信中奖电话或信息等。如果要进行网上交易，务必通过第三方认证方式或可信的网上交易平台保证交易安全。如果发现财产和人身安全受到威胁，第一时间与家长和老师沟通。

2. 对不良信息说"不"

青少年要树立正确的人生观、价值观，强化道德正义感，培养高尚的品德和高雅的情操，站稳立场，不上传、不下载、不传播网络淫秽色情等不良信息；不轻易点击自动弹出的窗口、不明的网络链接、邮件附件等。如果遇到暴力、色情、伪科学等不良信息，请马上关掉网络，并及时向家长和老师请求帮助。

3. 对陌生网友说"拜拜"

由于网络的虚拟性，网络交往特别是陌生人之间的交流常常真假难辨。因此，青少年在网络社交中更要提高警惕。尽量不要在网络聊天工具上与陌生人深度交流，不轻易与网友见面；不轻易向任何网友透露自己的真实信息，如真实姓名和地址、电话号码、学校名称、好朋友信息；如果遇到举止粗鲁、言语低俗的网友，一定要将其拉入黑名单或者直接删掉。

（三）贯彻慎欲："网瘾少年"的自我救赎

慎欲,是指要审慎私欲,但并不意味着主张无欲无求,而是主张在法律与道德的准绳下追求自身合法、正当的诉求。随着移动终端的普及,越来越多的青少年沦为"手机奴"。青少年沉迷于玩手机,轻则颈椎劳损、视力减退;重则导致情绪抑郁,甚至人身安全受到威胁。因此,在网络空间,青少年要贯彻慎欲思想,自觉抵制网络中的不良诱惑。具体来说,青少年可以采用以下几种方法抵制网络诱惑。

1. 丰富课余生活,培养健康爱好

网络游戏能满足人们的很多需要,例如:归属感 —— 我很重要,这个游戏没我不行;成就感 —— 我很厉害,我可以完成很多任务,打败很多人;掌控感 —— 我可以按照自己的想法行动;与人连接的需要 —— 有朋友和我一起打游戏;性刺激 —— 这个角色我很喜欢等。如果这些需要以其他方式满足,网络游戏的吸引力将减弱。但如果这些需要长期被压抑,网络游戏又能让青少年获得满足,就可能出现游戏上瘾的情况。因此,青少年应培养体育、文艺等兴趣爱好,丰富课余生活,多参加社会实践,参与到改造现实世界的实践中。

2. 明确上网目的,限制上网时间

学会健康使用网络是网络社会中青少年必须掌握的一项技能。行之有效的方法包括制订网络使用时间计划表,记录自己上网的时间和上网的事项,合理分配网络学习与娱乐的时间。上网时,要经常活动一下或者做做眼保健操。青少年可以与父母协调使用网络的时间,并在老师和家长的指导下利用网络获取更多优质的学习资源。

3. 正确认识自我,寻助心理老师

网络成瘾有其深层的心理原因。青少年沉溺网络可能与亲子关系疏离、自我认同感缺乏等有关。学校心理教师是值得信赖的、具有专业助人能力的人。当你发现自己有网瘾的情况时,要主动寻求心理老师的帮助,积极行动起来,为回归正常生活负起责任。

三、笃行:道德需要外化于行

"行是知之始,知是行之成。"知行合一,是德育的本质要求,也是德育中应遵循的基本规律。青少年提升网络道德水平要坚持从实践中来,到实践中去的原则,将道德外化于行。

(一)我做践行者:网络道德权利和义务两手抓

在网络社会中,青少年有畅所欲言的机会,但要遵守法律道德和公序良俗;青少年有展露自己的机会,但要注意保护个人隐私不受侵犯;青少年有批判质疑的自由,但要基于事实而不是盲目从众;青少年有访问网络平台的自由,但要注意分辨信息的良莠;青少年有使用各种网络工具的自由,但要学会用网络为学习和生活服务。

权利和义务是对等的。如果发现有人传播危害国家安全、妨碍社会治安的信息,制造和传播淫秽色情的信息,未经他人许可公布他人的图像和隐私,散布谣言,传播可能误导或危害他人的信息,青少年都有义务通过向中央网信办举报或者 @ 相关部门官方微博、留言私信等方式及时向主管机关报告。

图片来源:国家互联网信息办公室

(二)我做记录者:见证健康上网成长史

青少年要在日常生活中养成记录网络生活的习惯,将网络使用可能带来的危害、不良网络使用行为与可能的网络使用风险进行复盘和整理,提醒自己健康上网、文明上网。

上网反思模板

不良网络使用行为	可能的危害	应对方法
使用如一些不规范的网络用语"压力山大"等。	导致有时不能掌握词语正确规范的用法。	查字典搞清正确的用法;在生活中坚持使用规范的语言。

除此之外,青少年还可以根据健康使用网络的要求,对照自己平时的不良网络使用习惯,为自己量身定制一份《健康使用网络承诺书》。在承诺书中,列出详细的保证条款,并且自觉遵守自己制定的承诺书,记录成果和感受。

每周健康上网记录表

时间	健康使用网络标准承诺执行情况				感受及可以改进的地方
	有限使用	选择使用	公开使用	工具性使用	
周一					
周二					
周三					
周四					
周五					
周六					
周日					

（三）我做弘扬者:加入网络道德志愿者行列

道德情感培养的目的是帮助青少年成为一个具有高尚道德品质的社会人。"纸上得来终觉浅,绝知此事要躬行",也就是说良好的道德养成关键在于实践。要积极倡导青少年加入网络道德志愿者行列,在实践中丰富道德情感体验,树立正确的道德认知,将道德情感内化于心,外化于行,这对道德情感的培养具有实际效果。

随着互联网日益成为思想文化传播的重要渠道和精神文明建设的重要阵地,发展网络文明传播志愿者,是改进创新精神文明建设工作的重要举措,有利于传播文明、引领风尚,扩大精神文

明的覆盖面和影响力。经过简单的考核后,青少年可以注册成为
网络道德志愿者,并在全网直播宣誓,拥有专属的志愿者身份号
码。他们可利用课余时间积极发帖、阳光跟帖、良性互动,对网络
中的不道德行为及时举报。此外,还应采用线上线下结合的活动
形式,定期在志愿者所属地方范围,借用学校或广场等公共场所
交流经验及体会,开展以网络道德为主题的晚会和比赛,召开网
络道德志愿者表彰大会,对表现突出的志愿者授予荣誉称号等。

以德治网意在构建健康、积极、创新、有社会责任意识的公民
道德文化。互联网发展日新月异,相信在全社会的共同努力下,
青少年能迎来一个"渴望道德,呼唤良知,标举正义"的时代。

案例链接

童心抗"疫" 从我做起

2020 年,新型冠状病毒引发的肺炎疫情给全国人民的生
产、生活带来了严酷的考验,许多中小学生正常的学习生活也
被打乱。为了引导全省中小学生正确面对这场突如其来的新
冠肺炎疫情,帮助他们科学认识、积极应对疫情,同时丰富超
长寒假生活,江苏省文明办联合省有关部门、单位,共同组织
开展了"童心抗'疫' 从我做起"网上系列活动,包括心理健
康咨询、网上文化活动、家庭亲子教育、网络科学传播等丰富
多彩的内容,鼓励青少年行动起来,科学健康生活,争做抗击
病毒的勇敢小战士,为打赢疫情防控阻击战贡献力量。

　　江苏省文明办依托青少年科普平台——"科学少年社"App，聚焦青少年领域防疫宣传教育，开展空中云课堂网络科普活动，设计推出健康卫生、科普学堂、科学实验、科技英语等免费在线课程、专题科普视频资讯。同时，组织开展青少年网络科普活动——"武汉加油"江苏科技小记者专题活动，累计收到优秀作品1989件，其中图片类作品1599件，视频动画类作品327件，文档类63件。

　　同时，江苏省还举办了"少年志·童心战'疫'网络征文活动"，组织"众志成城，同心抗'疫'"青少年书法创作特别征集、网上展示等系列活动。通过这一系列活动，中小学生用智慧和才情记录下这场没有硝烟的战争中那些令人感动的瞬间，面向全社会传递温暖情感、凝聚斗志与力量、赞美大爱精神，筑就"最美风景线"。

第五章 一起依法依规治理网络

主题导航

1 了解我国的网络法治思想

2 熟悉和了解网络法律法规

3 青少年如何遵守和践行网络法律法规

　　移动互联网时代，手机和电脑成为生活的新"宠物"。它载着网民，在一望无垠的互联网海洋中踏浪前行，窥探世界的发展。它仿佛完美无缺，带给我们欢乐，伴随我们成长。但网络并非如想象中的那般美好，许多骇人听闻的案件源自网络——网络成瘾、网络暴力、网络谣言、网络诈骗……网络就像一个漩涡，稍不留神就会将我们卷入其中。

　　2015年，国家主席习近平在第二届世界互联网大会上指出："网络空间是人类共同的活动空间，网络空间前途命运应由世界各国共同掌握。各国应该加强沟通、扩大共识、深化合作，共同构建网络空间命运共同体。"因此，对于青少年来说，如何在和平、安全、开放、合作的网络空间自由翱翔、健康成长，仅靠伦理道德层面的自律明显不够，法制层面的他律尤为重要。如何树立正确的网络法治思想，如何学习领会、遵守和践行网络法律法规，成为每一个青少年不可回避的话题。

第一节 了解我国的网络法治思想

虽然网络是虚拟空间,但这并不意味着可以在网络上毫无底线、为所欲为。在网络上,我们的一言一行都会留下踪迹。网络空间与现实社会一样,都需要依据法律条文进行治理。科学上网、规范上网,不仅是每一个人都应当严格遵循的标准,也是要求公民严格践行的法律要求。

一、依法治国方略在我国的发展

了解依法治国思想在我国的发展,有助于我们更好地遵守法律法规。

(一)孕育阶段(1978—1997年)

1949年新中国成立后,作为执政党的中国共产党在摸索中寻求治国理政的方略。1954年,《中华人民共和国宪法》作为我国第一部宪法正式颁布,为将我国建设成为社会主义法制国家奠定了坚实的基础。"文革"十年动乱结束后,邓小平同志在中央工作会议上提出加强民主法制建设的十六字方针:"有法可依,有法必依,执法必严,违法必究。"邓小平同志关于民主法制的理论阐述,为我国依法治国基本方略的形成奠定了理论基础,使我国的法制建设上升到了一个新的层面。

1978 年 12 月召开的党的十一届三中全会确立解放思想、实事求是的思想路线,同时提出了加强社会主义民主,健全社会主义法制的任务目标。全会公报指出:"为了保障人民民主,必须加强社会主义法制,使民主制度化、法律化,使这种制度和法律具有稳定性、连续性和极大的权威,做到有法可依,有法必依,执法必严,违法必究。"这十六字方针阐释了依法治国的基本精神内核。1978 —1982 年,我国陆续颁布了《宪法》《刑法》等重要法律,实现了法律从无到有的突破。此后党的十二大、十三大在政治体制改革的同时,反复强调加强社会主义民主法制建设,开展以《中华人民共和国宪法》为核心的法律体系建设,并在实践中取得了积极的成果。

在这一阶段,依法治国方略虽然尚未明确提出,但"十六字方针"和宪法及一系列重要法律,清晰阐释了依法治国的精神内核,社会主义法制体系开始形成,这为依法治国方略的形成,奠定了思想基础和制度基础。[1]

(二)形成和发展阶段(1997—2012 年)

1997 年 9 月,江泽民同志在党的十五大报告上指出:"依法

---

[1] 王利明.依法治国方略是怎样形成和发展的.求是.2014（21）.

治国,是党领导人民治理国家的基本方略,是发展社会主义市场经济的客观需要,是社会文明进步的重要标志,是国家长治久安的重要保障。"这是依法治国基本方略的首次提出,该中央文件中首次将"法制国家"改为"法治国家",从而将依法治国正式上升为国家治理基本方略。1999 年,第九届全国人大二次会议通过了《中华人民共和国宪法修正案》,其中第十三条规定:"宪法第五条增加一款,作为第一款,规定:'中华人民共和国实行依法治国,建设社会主义法治国家。'"依法治国方略被正式列入宪法。

2002 年 11 月,胡锦涛同志在党的十六大提出:"发展社会主义民主政治,最根本的是要把坚持党的领导、人民当家作主和依法治国有机统一起来",确立了中国特色社会主义依法治国方略的根本原则。正式提出"政治文明"的概念,将民主、法治、人权建设从以往的"精神文明"范畴中独立出来,进一步丰富了依法治国的内涵,明晰了依法治国与其他治理方式的关系。

2004 年,十六届四中全会提出"科学执政、民主执政、依法执政"的理念,将依法执政作为中国共产党执政的基本方式之一。党的十七大提出:"全面落实依法治国基本方略,加快建设社会主义法治国家",在实现全面建设小康社会奋斗目标中,加快深入落实依法治国基本方略。

在这十五年间,依法治国方略正式确立,进一步推动了法治观念的普及,促进了中国特色社会主义法律体系的形成。

（三）成熟和完善阶段（2012 年至今）

党的十八大强调，依法治国是党领导人民治理国家的基本方略，法治是治国理政的基本方式。确立到 2020 年全面建成小康社会时依法治国的新任务和目标为：实现"依法治国基本方略全面落实，法治政府基本建成，司法公信力不断提高，人权得到切实尊重和保障。"

2013 年 11 月，党的十八届三中全会正式提出了"推进法治中国建设"的战略构想，明确了依法治国、依法执政和依法行政的治国理政原则，确立将法治国家、法治政府和法治社会一体化作为现代国家建设目标。党的十八届四中全会开创性地以依法治国为主题，为全面推进依法治国制定了路线图和时间表，提出"全面推进依法治国，总目标是建设中国特色社会主义法治体系，建设社会主义法治国家"，要求"形成完备的法律规范体系、高效的法治实施体系、严密的法治监督体系、有力的法治保障体系、完善的党内法规体系"，进一步明确了全面推进依法治国的六大任务："完善以宪法为核心的中国特色社会主义法律体系，加强宪法实施；深入推进依法行政，加快建设法治政府；保证公正司法，提高司法公信力；增强全民法治观念，推进法治社会建设；加强法治工作队伍建设；加强和改进党对全面推进依法治国的领导。"[1] 这次全会科学规划了具体实施依法治国的路线图和制度保障，体现了

---

[1] 陈泽伟，宫超，张程程等．顶层设计依法治国整体方略 —— 十八届四中全会公报解读 [J]．当代江西．2014（10）．

党对执政规律的科学认识和深刻总结,标志着依法治国制度和理论体系正式走向成熟。

2017年10月18日,习近平同志在第十九次全国代表大会的报告中提出,中国特色社会主义进入了新时代。在这个崭新的时代,经济、社会生活的方方面面欣欣向荣、朝气蓬勃,各项事业的发展步入法制化轨道,中国在建设社会主义法治国家的道路上,大踏步前进。

党的十九大强调"全面依法治国是中国特色社会主义的本质要求和重要保障",将新形势下全面推进依法治国放在经济建设、政治建设、文化建设、社会建设、生态文明建设"五位一体"的总体格局和全面建成小康社会、全面深化改革、全面依法治国、全面从严治党"四个全面"的战略格局之中,对深化依法治国实践的各项工作进行了定调和部署,标志着中国特色社会主义法治事业全面迈进新时代。

中共十九届二中全会明确了坚持依法治国首先要坚持依宪治国的治理原则,把实施宪法摆在全面依法治国的首要位置。中共十九届四中全会强调,"坚持全面依法治国,建设社会主义法治国家,切实保障社会公平正义和人民权利"。这是我国国家制度和国家治理体系的显著优势,并进一步提出坚持和完善中国特色社会主义法治体系,提高党的依法执政能力。全会提出坚持法治国家、法治政府、法治社会一体建设,坚持依法治国、依法执政、依法行政共同推进,同时强调要健全保证宪法全面实施的体制机制、完善立法体制机制,从宪法制度、立法制度、社会公平正义的保障制度和监督制度等方面入手,不断完善全面推进依法治国的制度体系。

二、习近平依法治国与网络治理的论述

习近平总书记在新时代下关于依法治国与网络治理的论述,作为中国特色社会主义思想和新形势下网络空间治理思想的重要组成部分,对探求中国特色社会主义法治道路、保障互联网空间的风清气正,具有深远的现实意义和历史意义。

（一）习近平新时代中国特色社会主义法治思想

1. 以互联网立法规范网络秩序

习近平总书记强调,在全面依法治国这项庞大系统工程中,网络法治建设的推进不容忽视。习近平同志在十八届四中全会上提出:"加强互联网领域立法,完善网络信息服务、网络安全保护、网络社会管理等方面的法律法规,依法规范网络行为。"互联网具有虚拟性,但并非法外之地,所以必须依法上网。

目前已有相关法律条文对网络上的违法犯罪行为进行规制和惩处,比如"人肉搜索""散播谣言"等网络行为主体需承担相应的法律责任。相信在未来,我国在互联网立法以及公民守法方面能够做得更好,使我国的网络环境更加干净。

2. 力行法治,把握互联网规制重点

网络的迅速发展及其本身所具有的去中心化、扁平化、跨国

界性的特点也为网络空间的治理带来了前所未有的困难。即便在互联网技术发达国家，网络安全也一直存在未解决的难题，对于核心信息技术较为落后的发展中国家来说，面临的网络安全风险则更大。为应对网络空间治理问题，我国在2013年11月公布的《关于〈中共中央关于全面深化改革若干重大问题的决定〉的说明》中首次提出，"坚持积极利用、科学发展、依法管理、确保安全的方针，加大依法管理网络力度，完善互联网管理领导体制。目的是整合相关机构职能，形成从技术到内容、从日常安全到打击犯罪的互联网管理合力，确保网络正确运用和安全。""依法管理"被写入网络空间治理总方针。[1]

3. 提高文化软实力，构建网络强国

互联网作为新型媒体，具有匿名性与虚拟性两大特点，降低了公众获取信息的门槛，对一些权力机构来说，违法违规行为似乎更容易曝光，但是谣言的源头和流向也更加不确定；对政府而言，舆论是不可控的，舆论导向工作难度加大；对公民而言，却可以轻轻松松隐藏现实生活中固有的社会化特征。

习近平总书记曾在十九大报告中明确提出要不断提高新闻舆论的"四种力量"，即传播之力、引导之力、影响之力和公信之力。这也从侧面表明互联网建设关乎我国文化软实力的发展。但是虚拟的网络也产生了一系列问题，如网络空间如何规制、网

---

[1] 习近平. 关于《中共中央关于全面深化改革若干重大问题的决定》的说明. 求是. 2013（22）.

络空间本身是自由还是受限等。就网络舆论而言,公众辨别是非的能力与法律法规之间是否存在些许偏差? 就司法正义而言,司法部门如何做到既遵循新闻自由,又保证司法正义?

在以习近平同志为核心的党中央的领导下,中国互联网发展立足于国情,以现有的网络技术为基础,逐渐探索出了一条符合互联网发展潮流,能够有效保障国家安全和公民网络安全的互联网治理之道。

(二)习近平关于网络治理的重要论述

互联网出现使麦克卢汉的"地球村"预言变为现实,但同时,也正是因为互联网连接了整个世界,使得互联网治理问题成为一个全球性问题。网络安全观念已经逐步上升到了国家战略层面,成为新的时代命题。因此,针对如何保障网络安全的顶层策略和政策,针对我国网络诈骗、网络借贷、网络色情等一系列有损青少年身心健康的现象,学习和认识习近平关于网络治理的重要论述,对培养当代青少年的网络安全观念很重要。

1. "一体两翼,双轮驱动"的网络治理安全观

2014 年,习近平在中央网信领导小组首次会议上指出,网络安全和信息化是一体之两翼,驱动之双轮,必须统一谋划、统一部署、统一推进、统一实施 …… 以安全保发展、以发展促安全,努力建久安之势、成长治之业[1]。"一体两翼"是指网络安全和信息化是

---

[1] 习近平.总体布局统筹各方创新发展,努力把我国建设成为网络强国.人民日报.2014 年 2 月 28 日.

一个有机整体,牵一发而动全身,犹如"鸟的两翼";"双轮驱动"是指网络安全和信息化对于网络治理来说犹如"车的两轮"。

"一体两翼,双轮驱动"概念的提出,让我们进一步了解网络安全与信息化之间的联系与区别,使网络安全观念真正意义上上升为强国战略的一部分。营造一个网络技术先进、设备完善、环境良好的网络空间,正是践行习近平总书记提出的"一体两翼,双轮驱动"网络安全战略观之表现,是实现网络强国的必由之路。

2. 反对网络霸权,维护网络主权

美国在互联网技术方面具有相对优势,以美国为首的互联网技术垄断模式在互联网发展之初已经形成。我国强烈反对网络霸权,反对借助网络干涉他国政治、经济、文化等事务,进一步干涉他国内政。习近平强调:"要理直气壮地维护网络空间主权,明确宣示我们的主张。"[1] 我国是一个互联网大国,在互联网全球治理中我们应该争取更多发言权,积极倡导、引导、团结各国,共同建立一个文明和平、有益于全球发展的网络体系。网络主权问题事关各个国家的根本利益,中国参与互联网治理体系建构的道路任重而道远。

互联网象征着先进,代表着现代化,我国作为互联网使用大国,有义务、有责任维护我国的网络主权,反对网络霸权主义,《国家安全法》《网络安全法》都在强调维护网络主权的重要性和必

---

[1]　习近平 . 加快推进网络信息技术自主创新 朝着建设网络强国目标不懈努力 . 人民日报 . 2016 年 10 月 9 日 .

要性,这也正是习近平总书记网络安全治理观的重要体现。

无论是网络虚拟空间还是现实社会,网络安全系数的高低对网民的上网体验感有着重要影响,因此推动网络安全治理工作迫在眉睫。互联网安全不但需要每个人自觉维护,也需要世界各国的共同努力。习近平总书记关于网络空间命运共同体的共建观,正是抓住了网络空间的主要矛盾和本质特征,寻找到了一条治理网络安全的最有效的方法。

3. 聚英才,搞创新

在信息时代,谁掌握了核心技术,谁就有话语权。核心技术需要大量人才去创新创造,网络空间的竞争也依赖人才,信息化人才队伍是互联网治理中的一个重要支撑。实现网络大国向网络强国转变,创新思维与人才培养是重中之重。

十年树木,百年树人。网络安全治理需要聚合天下的人才共同为我国网络安全治理出谋划策。习近平指出:"要聚天下英才而用之,为网信事业发展提供有力人才支撑。"[1]

网络是年轻人的天堂,也可能是年轻人的地狱。网络作为高层次网络信息人才聚集地,不应放任其自由。要不忘初心,积极培育互联网人才,尤其是青年人才,努力创新创造,掌握互联网核心技术。习近平强调:"要运用新媒体新技术,推动传统优势同信息技术高度融合,增强时代感和吸引力。""千金易得,一将难

[1] 习近平:在网络安全和信息化工作座谈会上的讲话. 人民日报. 2016 年 4 月 26 日.

求",优秀人才的培养首先要立足于良好的环境,其次优秀的网信师资力量也必不可少。可以通过各种激励机制留下优秀的高端技术型人才,组建一流团队。

在互联网时代,传统教育已经不适应当今时代的变化发展,我们需要更加开放、互动、先进的教育理念和环境,以此发挥网络对教育的积极作用,摒弃网络中的不利因素,使其成为培养网络人才的宝地。

4. 立足人民群众,着眼人民利益

人民是文化成果的创造者,也是文化成果的享有者。我国有9亿多网民,都是网络空间中的主体,网络文化发展的主力军。重视人民群众在网络发展中的作用,是我国互联网繁荣和发展的关键,也是培育和创造优秀先进文化的有效途径。

我们常说的察民情、顺民意,在网络治理中,通常体现在控舆情。网络的特性使网上的舆情比现实中更加复杂,有人浑水摸鱼,有人无端造谣。网络世界有时候就是现实生活的折射,通常出现在网上的问题,根源一般在现实世界。我们都是网络空间中渺小的一分子,但是网络的跨越性、平等性、聚集性使我们无数渺小的分子汇聚成了一个大的同心圆。因此,网络安全治理工作关乎民生,应充分发挥人民群众的力量。

"帝吧出征"

自 2019 年 6 月"修例风波"发生以来,香港暴力游行示威、袭击警察的事件屡见不鲜,暴乱分子甚至在外国网站上公开发表分裂祖国的言论。

2019 年 8 月 17 日,有着"帝吧"之称的李毅吧管理员发布"出征檄文",以"爱国、理性、文明、求真"为宗旨,发起"力撑港 Sir,护我中华"的"爱国青年网络出征"。"帝吧网友"们在境外社交平台 Instagram、Facebook 的"HongKong"黑警(污蔑香港警察的称呼)等话题内发表留言,为正能量图片点赞,"表白"香港警察 Facebook 账号,并通过 QQ 群、微博等平台发布中英文评论、海报、国外警察处理激进示威者等物料,以实际行动向世界彰显了中国爱国青年的赤诚之心。

"帝吧出征"已经成为新时代彰显爱国之心的标志性活动。

第二节 熟悉和了解网络法律法规

 你知道吗？

　　我国的互联网立法发展已逾20载，颁布了一系列法律、行政法规、部门规章、司法解释和规范性文件，涉及网络安全、电子商务、个人信息保护、网络知识产权保护、互联网管理、未成年人上网安全、大数据、"互联网+"等多个领域，取得了较大的成就。但是，我国的互联网立法也存在着基础立法位阶整体不高、相关立法存在空白、法律间协调性不足、相关立法"权利 — 义务"结构失衡、立法滞后等问题，需要通过加强顶层设计、明确中间平台责任边界、多元治理、加强重点领域立法、提高立法效率和前瞻性、积极参与国际规则构建等对策来解决。[1]

　　"法律"和"法规"是两个不同的概念，它们的立法权限和法律效力是不同的。法律是指由享有立法权的立法机关（全国人民

---

[1] 郭少青,陈家喜.中国互联网立法发展二十年:回顾、成就与反思.社会科学战线.2017（6）.

代表大会和全国人民代表大会常务委员会)行使国家立法权,依照法定程序制定、修改并颁布,并由国家强制力保证实施的基本法律和普通法律总称,例如《刑法》《民法》《婚姻法》等。法规是指国家机关制定的规范性文件,其法律效力相对低于宪法和法律。例如,我国国务院制定和颁布的行政法规,省、自治区、直辖市人大及其常委会制定和公布的地方性法规。

一、我国的互联网立法发展 [1]

自我国接入互联网后,早在 1994 年,我国就颁布了《中华人民共和国计算机信息系统安全保护条例》,这也被公认为是我国对互联网实施官方管制的首条法规。1996 年出台《中华人民共和国计算机信息网络国际联网管理暂行规定实施办法》和 1997 年出台的《计算机信息网络国际联网安全保护管理办法》可以说明这个时期的相关立法主要以计算机病毒防治和软件保护为核心。2000 年的《关于维护互联网安全的决定》和 2012 年的《全国人民代表大会常务委员会关于加强网络信息保护的决定》均以网络安全为核心内容。2015 年 7 月,我国通过了《国家安全法》;2015 年 12 月我国通过了《反恐怖主义法》;2016 年 11 月通过了《网络安全法》,对网络信息安全、网络运行安全、网络风险的检测

---

[1]　郭少青、陈家喜 . 中国互联网立法发展二十年:回顾、成就与反思 . 社会科学战线 . 2017（6）.

预警都有了明确规定。

进入 21 世纪以后,高速发展的互联网,呈现出共享、开放和去中心化的特点。这一时期的相关立法主要围绕电子商务、互联网博客、网络媒体等几大新兴事物展开。如 2002 年发布的《互联网上网服务营业场所管理条例》,2004 年通过的《电子签名法》,2006 年公布的《信息网络传播权保护条例》都是针对网络知识产权、网络文化市场治理以及网络经营管理发布的规范性文件。

随着人工智能、大数据、物联网的发展,我国互联网也进入以全方位互动为特色的模式,这个时期共颁布法律 1 部,部门规章13 项,最高人民法院司法解释 5 条。可以说,这些规章制度的出台为我国的互联网治理和安全发挥了重要的作用。

我国有关网络个人隐私和个人信息保护的规定专项立法主要体现在:2012 年底,《全国人大常委会关于加强网络信息保护的决定》,首次以立法的形式明确规定保护公民个人电子信息。2013 年起实施的《信息安全技术公共及商用服务信息系统个人信息保护指南》,是首个关于个人信息保护的国家标准。2013 年颁布的《电信和互联网用户个人信息保护规定》,明确了电信和互联网用户个人信息的保护范围。

我国对未成年人上网安全的法律规定主要分散在部门法中。如《未成年人保护法》第十七条规定:未成年人的父母或者其他监护人不得实施下列行为:放任未成年人沉迷网络,接触危害或者可能影响其身心健康的图书、报刊、电影、广播电视节目、

音像制品、电子出版物和网络信息等。《预防未成年人犯罪法》第
二十六条规定："禁止在中小学校附近开办营业性歌舞厅、营业性
电子游戏场所以及其他未成年人不适宜进入的场所。"《互联网
上网服务营业场所管理条例》第二十一条规定："互联网上网服
务营业场所经营单位不得接纳未成年人进入营业场所。"有关未
成年人隐私权保护和个人信息保护的相关条款，主要分布在《民
法通则》和《侵权责任法》中。国家互联网信息办公室于 2016 年
9 月推出了《未成年人网络保护条例（草案征求意见稿）》，对网络
信息内容建设、未成年人网络权益保障等进行了明确的规定，这
表明我国有关未成年人的网络保护立法进入了一个新阶段。

二、欧美国家互联网治理法律与条例

网络快速发展的同时也存在一些风险，如信息泄露、互联网
经济诈骗、网络谣言以及网络暴力等，严重危害了我国社会秩序
的正常平稳运行。如何借鉴欧美国家互联网治理法律与条例，处
理好大数据时代的隐性威胁、防止网络安全事件集中爆发、保障
人民群众生命财产安全，成为新时期网络治理中必须要面对和解
决的前沿课题，也是我们青少年加强网络法规法律意识必须了解
的知识。

（一）美国

作为互联网的发源地与行业的引领者，美国具有自由主义传

统与相对成熟的互联网治理机制。正如前国务卿希拉里所说,美国网络治理的目标是"确保互联网的开放、安全和自由"。在确保网络信息安全的前提下,网民的言论自由也要得到保障。

网络治理的首要目标即要确保国家和社会的信息安全。美国是西方第一个制定网络安全战略,并将其视为国家安全战略一部分的国家,例如在 1993 年通过《国家信息基础设施行动动议》,1998 年通过《关于美国关键基础设施保护的政策》,2000 年通过《保护美国的网络空间:信息系统保护国家计划》。2001 年 "9·11"恐怖主义袭击事件发生后,美国对网络信息安全更加重视,先后通过《爱国者法案》《国土安全法》等涉及国家安全和网络管制的法律制度,并赋予国土安全部(DHS)、中央情报局(CIA)、联邦调查局(FBI)等机构获取私密信息甚至监控的权力。2003 年,美国出台首个关于网络安全的国家安全战略;2009年奥巴马总统上任后,成立"白宫网络安全办公室"和"全国通信与网络安全控制联合协调中心",以加强网络不良信息监控和管理。2020 年 3 月 23 日,特朗普总统签署《2020 年 5G 安全保障法》,要求行政部门制定 5G 网络的安全策略,以确保美国境内 5G 与未来几代无线通信系统和基础设施的安全。

作为互联网发展的先行者,美国还注重青少年网络立法,前后出台了多部法律,形成了比较完善的法律体系。从 1996 年至今,美国联邦政府陆续通过了五部相关法律:《儿童在线保护法》旨在保护青少年免受色情信息影响;《儿童网络隐私保护法》,对

案例链接

"棱镜门"计划

2013年5月，29岁的美国情报机构前技术人员爱德华·斯诺登揭露了"棱镜门"计划。这一计划的主要使命是大范围收集并监控网络和电话用户信息。在这个计划里，NSA要求电信巨头威瑞森公司必须每天上交数百万用户的通话记录。在过去的六年里，NSA和FBI通过进入微软、谷歌、苹果、雅虎等九大网络巨头的服务器监控美国公民的电子邮件、聊天记录、视频和照片等个人资料。

商业网站在线收集13岁以下儿童个人信息的行为进行限制和规范；《儿童互联网保护法》规定中小学和公共图书馆安装网络过滤软件，确保屏蔽所有淫秽、色情等危害未成年人健康成长的不良信息。此外，相关法律还包括《传播净化法案》和《删除在线掠夺者法案》[1]。2009年，美国出台《梅根·梅尔网络欺凌预防法》，规定实施网络欺凌适用刑法上的骚扰罪，承担刑事与赔偿责任。

（二）英国

英国的互联网治理形成了以行业自律为主角，以行政管理为

---

[1]　国外青少年网络安全相关法律建设及启示.2015年6月7日（http://m.haiwainet.cn/middle/456689/2015/0607/content_28810718_1.html）.

导航,以安全技术管理为保障,以法律规范为管理方式的协同配合机制。网络反恐形势十分严峻。英国政府为了进一步加强网络信息管理,于 2011 年设立了"国家网络安全项目",并拨付共6500 万英镑的经费。 在 2013 年又建立"网络安全信息共享合作机制",用来打击网络犯罪,并且此机制可以让有关公众信息和国家安全利益信息在不同部门之间共享。2014 年英国政府出台《网络安全实施纲要》,包括《网络安全实施纲要概要》《网络安全实施纲要 —— 网络攻击基本防护要求》《网络安全实施纲要保障框架》。

2019 年 4 月 8 日,英国政府发布《网络有害内容白皮书》,首次将网络有害内容纳入法律治理范围。《白皮书》将有害内容分为三个层次。第一个层次即"明确规定的有害内容",包括儿童性虐待、性剥削、恐怖主义内容和活动、鼓励或协助自杀、传播 18 岁以下未成年人不雅照等;第二个层次为"定义不明确的有害内容",指的是没有触犯法律但却具有严重社会危害性的内容,包括网络欺凌、传播虚假信息、暴力、宣扬自残等;第三个层次主要保护未成年人远离网络色情和低俗内容,防止未成年人网络沉迷,如儿童访问色情与不适当内容(如 13 岁以下儿童使用社交媒体、18 岁以下未成年人使用约会软件)等[1]。

---

[1] 周丽娜 . 英国互联网内容治理新动向及国际趋势 . 新闻记者 . 2019（11）.

非法网络内容与有害网络内容

在《白皮书》出台前，英国把不良网络内容区分为"非法"和"有害"。非法内容即不符合相关法律规定的内容，违法者将依据法律受到惩罚。而有害内容则是违背依据本国文化、道德而形成的价值判断的内容。对于有害内容，多由业界广泛认可的自律组织或者独立机构，依据普遍的行业守则进行评判。

（三）德国

德国早在 1997 年就通过了《信息与通信服务法》，又称《多媒体法》。该法创造性地针对青少年可能受到互联网传播的不健康内容影响的程度而规定了保护未成年人的三个步骤。2003 年，德国制定了新版的《青少年保护法》代替原来的《散布不良内容残害青少年法》，旨在防止青少年受到色情信息侵害。2009 年 6 月，德国又出台了《反对因特网儿童色情法》，封锁儿童色情网页，打击儿童色情犯罪。

（四）日本

日本在 2008 年通过了《青少年网络规范法》，明确要求通信和网络服务商对 3 种"有害信息"设置未成年人浏览限制。这 3 种信息分别是"诱使犯罪或自杀的信息""显著刺激性欲的信息"和"显著包含残忍内容的信息"。《青少年网络环境整备法》对网络运营商、监护人应承担的责任做出明确规定,通过安装过滤软件对青少年上网进行管理。

（五）韩国

韩国政府于 1997 年制定实施《青少年保护法》,主要内容包括与青少年网络活动保护相关的法律。此后,韩国政府三次修改《青少年保护法》。该法要求网吧、学校、图书馆等公共上网场所安装过滤软件,保证未成年人获取健康信息,还限制青少年的深夜网络游戏行为。

（六）欧盟

欧盟网络安全教育起步较早。早在 1999 年,为提升儿童和青少年在线自我保护意识和能力,抵制违法有害的在线内容,欧盟委员会就成立了"加强网络安全"项目。

在青少年网络安全教育方面,欧盟国家将网络的使用视为学生必须掌握的一项技能,并与其他学科知识相配合,使学生得到全面发展。网络安全课程的内容主要涉及个人隐私安全、网络行为安全（包括如何与陌生人交流以及网络文明问题）、下载及版权问题和如何安全使用手机。负责操作校园网络系统的教师必须有特定的教师资格,且经过特定的信息和通信技术知识的培训。

新加坡等国家也开展了青少年网络安全相关立法工作,且取得了实际成效。由此可见,国外青少年网络安全法律建设颇有成效,不仅通过立法手段规范青少年网络行为,并形成了一定的法律体系,而且立法具有针对性,为青少年网络行为管理提供了切实可行的法律保障。

三、新时代我国网络治理的创举

我国的网民规模庞大,网络环境纷繁复杂,单单依靠伦理道德无法实现网络社会的有效治理,想要营造风清气正的网络空间,必须依靠法律法规。

根据中央网络安全和信息化委员会办公室政策法规局和国家互联网信息办公室政策法规局编制的《中国互联网法规汇编》,截至 2019 年 12 月,我国有关互联网的专项立法共有 129 部。其中,法律与行政法规仅占立法总数的 12.4%,大部分专项立法为部门规章和规范性文件。由此可见,我国互联网立法的位阶并不高。我国有关网络安全的立法开始于 20 世纪 90 年代,互联网安全一直是网络立法中的重要内容。

《中共中央关于全面推进依法治国若干重大问题的决定》明确规定:"加强互联网领域立法,完善网络信息服务、网络安全保护、网络社会管理等方面的法律法规,依法规范网络行为。"为此,我们需要重点了解几部法律法规。

(一)《中华人民共和国网络安全法》

2016 年 11 月 7 日第十二届全国人民代表大会常务委员会第二十四次会议通过了《中华人民共和国网络安全法》,自 2017 年

网络安全与《网络安全法》

网络安全,通常指计算机设备网络、计算机通信网络和计算机网络空间的安全。网络安全法,则是指国家将有利于实现网络安全的规则,以法律的形式确定下来。

网络安全法,就是指网络安全的立法、执法、司法和守法。具体来讲,则是指国家制定网络安全规范体系,并通过执法机关的严格执法,通过有关企业、组织及公民个人的遵守,形成社会治理的合力,监测、防御、处置来源于中华人民共和国境内的网络安全风险和威胁,保护关键信息基础设施免受攻击、侵入、干扰和破坏,依法惩治网络违法犯罪活动,维护网络空间安全和秩序。《网络安全法》是我国第一部全面规范网络空间安全管理方面问题的基础性法律,是治理互联网、解决网络风险的法律武器,是让互联网在法治轨道上健康运行的重要保障。因此,《网络安全法》的颁布被称作我国网络空间法治建设的重要里程碑。

6月1日起正式施行。

《网络安全法》在法律属性上属于行政法,人民政府及其有关部门,通过制定规则和严格执法,确保国家和社会的网络管理秩序。与此同时,企业和公民个人,一方面要维护自己的合法权益;另一方面,要遵守国家规定的网络安全管理规则,履行自己的法定义务,共同维护网络安全。

《网络安全法》共 7 章 79 条。法规首先强调了网络空间主权的重要性。网络主权是国家主权在网络空间的体现和延伸,网络主权原则是我国维护国家安全和社会公共利益、参与网络国家治理和合作所坚持的重要原则。其次,法规明确了网络产品、服务的提供者和网络运营者不得设置恶意程序,不得泄露、篡改、毁损、非法出售收集的用户个人信息,必须按照国家网络安全等级保护制度,切实履行网络安全的保护义务。最后,法规强调维护网络安全需要全社会共同参与,并针对网络诈骗行为进行明确规定,如禁止任何个人和组织设立用于实施诈骗,传授犯罪方法,制作或者销售违禁物品、管制物品等违法犯罪活动的网站、通信群组,不得利用网络发布涉及实施网络诈骗制作或者销售违禁物品、管制物品以及其他违法犯罪活动的信息。

(二)《网络信息内容生态治理规定》

该规定是根据《中华人民共和国国家安全法》《中华人民共和国网络安全法》《互联网信息服务管理办法》等法律、行政法规制定的,目的是营造良好网络生态环境,保障公民、法人和其他组织的合法权益,维护国家安全和公共利益。该规定自 2020 年 3 月 1 日起施行,标志着网络安全法律的进一步完善和健全。

《网络信息内容生态治理规定》(以下简称《规定》)明确指出,网络信息内容服务使用者和生产者、平台不得开展网络暴力、人肉搜索、深度伪造、流量造假、操纵账号等违法活动。《规定》提出,网络信息内容生产者不得制作、复制、发布含有"危害国家安全,泄露国家秘密,颠覆国家政权,破坏国家统一"和"损害国家荣誉和利益"等内容的违法信息;应当采取措施,防范和抵制制作、复制、发布含有"使用夸张标题,内容与标题严重不符"和"炒

案例链接

华住集团数据泄露案

2018年8月,国内首家多品牌酒店集团——华住集团旗下的连锁酒店用户数据疑似被泄露,并在暗网售卖。汉庭、美爵、禧玥、桔子、全季、漫心等华住旗下的中高端酒店无一幸免。泄露的信息涉及华住官网注册资料、酒店入住登记的身份信息及酒店开房记录、住客姓名、身份证号、手机号、邮箱等,共计约5亿条数据,波及人数达1.3亿。数据售价为520门罗币或8个比特币(约合人民币37.6万元)。

2018年9月,利用黑客手段窃取华住集团旗下酒店数据并在境外网站兜售的犯罪嫌疑人刘某某,被上海警方抓获归案。该案被列入公安部"净网2018"十大案例之中。犯罪嫌疑人刘某某违反了《网络安全法》第四十四条规定:任何个人和组织不得窃取或者以其他非法方式获取个人信息,不得非法出售或者非法向他人提供个人信息。同时本案也给予其他企业以警醒:网络产品、服务提供者应为其产品、服务提供持续安全维护。

作绯闻、丑闻、劣迹"等内容的不良信息。《规定》明确,网络信息内容服务使用者应当文明健康使用网络,按照法律法规的要求和用户协议约定,切实履行相应义务,在以发帖、回复、留言、弹幕等形式参与网络活动时,文明互动,理性表达。

网络暴力,不仅违反了公序良俗,也是违法行为。这样的行为显然不能得到大众的认可。

大力发展网络安全技术的同时,青少年也应理智追星,维护"爱豆"利益的同时,要注意自身行为管理,不可触碰法律红线。

(三)《中华人民共和国未成年人保护法》

我国现行《未成年人保护法》制定于1991年,2006年进行了较大幅度修订。2019年10月17日,新修订的《未成年人保护法》经十三届全国人大常委会第二十二次会议表决通过,新修订的《未成年人保护法》在原有法规的基础上增加了多项内容,条文从72条增至132条。该法自2021年6月1日起施行。

新修订的《未成年人保护法》增加、完善多项规定,着力解决社会一直关注的未成年人被侵害问题,包括监护人监护不力、学生欺凌、性侵害未成年人、未成年人沉迷网络。其中最大的亮点便是加入了对未成年人的网络保护。

第一,对未成年人沉迷网络的内容作出了以下规定:网络游戏、网络直播、网络音视频、网络社交等所有网络服务,针对未成年人要设置相应的时间限制、权限管理、消费限制等功能,供应商不得向未成年人提供诱导其沉迷的产品和服务;明确了网络游戏要经过特殊批准的制度;为了综合实现对未成年人的网络保护及其隐私权保护,明确规定了国家将建立统一的未成年人网络游戏电子身份认证系统,这个系统是修改后的《未成年人保护法》创设的一项重大制度。

第二,对于未成年人是否可以参与网络直播活动作出规定:服务商不得对 16 周岁以下的未成年人提供账号注册服务,对于已满 16 周岁未满 18 周岁的青少年提供账号注册服务时应对其身份信息进行认证并取得其父母或监护人的同意。

第三,对于未成年人遭遇网络暴力事件的处理作出规定:遭受网络欺凌的未成年人及其父母或者其他监护人有权通知网络服务提供者采取删除、屏蔽、断开链接等措施。网络服务提供者接到通知后,应及时采取必要的措施制止网络欺凌行为,防止信息扩散。

因此,每一个青少年都应牢记网络运行的相关法律条例,争做学习网络安全法、维护网络信息内容生态治理的社会先锋,自觉履行法律法规赋予我们的公民义务,为营造风清气朗的网络空间献出自己的一份力量。

据统计,中国未成年人网民数量达 1.69 亿,互联网普及率达93.7%。但令人担忧的是,高达 30.3% 的未成年人曾在上网过程中接触过暴力、赌博、吸毒、色情等违法信息。因此,网络产品和服务提供者应当避免提供可能诱导未成年人沉迷的内容,并且应当设置相应的权限管理,如时间、消费等功能,进一步减少网络空间中游戏、直播领域内对青少年的不良影响。

第三节　青少年如何遵守和践行网络法律法规

💡 你知道吗？

　　随着我国经济不断高速发展，公民对互联网的参与水平越来越高，我们愈发认识到，法律观念和法律意识正在日益成为衡量人才的重要指标之一。互联网社会的高速发展，也要求网民要具备良好的法律素养。青少年群体作为祖国的希望和国家的未来，其法律素养的高低直接影响着国家前途和命运。因此，每一个青少年都必须提高网络法律法规认知水平，遵守网络法律法规，做一个知法守法的好公民。

一、青少年要学法守法

　　在以习近平同志为核心的党中央的领导下，我国网络强国战略正稳步发展，互联网也成为青少年获取知识、开拓视野、友好社交的重要渠道和平台。虽然，在党中央领导下和社会各界共同努力下，网络环境大体呈现出文明与和谐的状态，但是网络中仍然存在着不良气息,甚至有国外敌对势力对网络的渗透,对我国青少年网络安全极为不利。

由于宣传教育力度不够,许多青少年对网络法律、法规知之甚少或全然不知。根据一项调查显示,有超过一半的青少年对我国网络管理方面的法规不了解,另有三分之一以上的青少年听说过但不清楚细节。许多青少年对网络违法犯罪的危害性认识不足,他们甚至不清楚网络社会中的违法行为与现实社会一样,同样要接受法律的制裁和道德的规范,尤其对具有严重危害的网络犯罪行为,必须要通过法律的途径给予严重惩罚。网络社会中法律、政策、规范都属于强制手段,而道德、风俗、认知则属于非强制手段。当前,法律法规在网络空间治理中的建设还不够完善,青少年对网络法律法规的认知水平还有待提高。

首先,青少年要清楚地认识到,网络空间作为社会的重要领域,同样受法律监管,对网络世界的破坏就是对社会正常秩序的破坏,必将受到法律的制裁。同时,青少年要提高对网络陷阱的识别能力,能够掌握和正确运用基本的网络法律武器,维护自己在网络空间的合法权益。

其次,由于网络中用户原创内容良莠不齐,网络信息内容时常会缺乏思想道德意识甚至存在教唆青少年违法犯罪的倾向,网络空间的匿名特点使青少年很容易误认为将自己的真实信息隐藏,就可以摆脱道德和法律的约束,从而做出辱骂、诽谤、造谣、传谣、非法入侵、信息买卖、少年黑客、网络诈骗等一系列失范行为。

案例链接

常州市推进青少年法治教育

《常州市教育系统开展法治宣传教育的第七个五年规划（2016—2020年）》提出，要贯彻落实《青少年法治教育大纲》，统筹推进青少年法治教育。2017年度，常州教育系统开启"线上线下"新模式，紧抓"学、讲、研、联"四种形式，青少年法治教育成效显著。7月，全市青少年学生分小学高年级、初中、高中三个组别，参加第二届全国青少年法治知识网络大赛。"一人一号"登录教育部全国青少年普法网开展知识学习与测评。通过学习、交流、测评、实践、竞赛等形式，充分调动各个学校法治教育的积极性，探索家庭法治教育与学校教育融合的新模式，营造社会、校园和青少年学生遵法、学法、用法的浓厚氛围。

要知道，青春期正是三观形成和发展的重要时期。虽然大部分青少年在家庭和学校的教育引导下能够认识到某些信息的潜在危害，但与成年人相比，自律性相对较差。因此，如果缺乏适当的教育引导，青少年很容易误入歧途。青少年学法守法，落实到行动上就是要遵守学校的各项规章制度以及社会公德。

此外，政府相关部门和学校要针对青少年制定一套可行的思想行为规范，主动将青少年思想道德修养与网络法律法规教育结合起来，让他们在思想意识上形成一种"守规矩""讲文明"的道

发朋友圈要注意保护隐私

德法治理念,并且在学校、家庭或是社会中,坚决抵制有害信息,正确辨识虚假信息,做到不信谣、不传谣、不造谣。

App 在我们生活中随处可见,但许多青少年在使用 App 前并未详细研究和阅读用户协议,这给一些企图进行违法行为的服务商可乘之机。因此,青少年在接触和使用 App 时一定要仔细阅读用户协议,避免自身信息以及隐私的泄露。

二、青少年要对违法行为说"不"

互联网开拓了广阔的空间,连接了世界,使得知识和信息的获取不再属于少部分人。但发达科技的背后也衍生了许多黑色地带、造就了一批灰色产业。五光十色的网络世界给予青少年巨大的诱惑,学会辨别是非、抵制诱惑是青少年应该学习与具备的一项能力。

第一,抵制色情、暴力等内容。青少年处于青春期,无论身体和心理都正处于发育阶段,他们需要正确的性教育、性观念的引导,但网络上存在许许多多的诱惑,使得青少年误入歧途,需要青少年发挥自律意识,拒绝诱惑。对于一些打着色情擦边球的内容,除了靠政府和平台的治理外,还应靠自律,从道德层面上摒弃低俗、色情、暴力内容。

---

[1] 万旭琪. AI 换脸视频中的身份解构、伦理争议与法律风险探究 —— 以"ZAO"App 为例. 东南传播. 2020（3）.

第二,别被情绪绑架。网络开辟了新的公共空间,每一个用户都拥有媒介的权利 —— 发表自己的看法。众多具有社交属性的平台、App 给予用户表达的权利,这是技术进步带来的优点。但技术是一把双刃剑,随意表达意见也会引发多方情绪的波动。"网抑云""丧文化""黑话"等网络文化在青少年群体中盛行,成为青少年情绪宣泄的出口。但一味地宣泄负面情绪并不会让人的心情得到放松,反而会愈来愈沉闷,青少年应加强情绪管理,避免被情绪绑架。

三、青少年要增强违法鉴别能力

为了使全体青少年都能知法守法和护法,党的十五大明确提出了依法治国,建设社会主义法治国家的方略和目标。依法治国的主体是党领导下的人民群众,青少年是人民群众的一部分,而且是国家的未来,不具备一定的法律素质,是无法承担依法治国、建设社会主义法治国家的历史重任的。

要使人人都守法、护法,不知法是不行的。但是仅仅知法,并不是学习法律知识的根本目的。仅仅知法,但是不按法律的要求执行,就达不到加强社会主义法律意识的目的。因此,必须要求广大青少年知法的同时,更要守法、护法,养成自觉守法、护法的习惯。只有这样,才能达到加强社会主义法治的目的。

网络信息浩如烟海,青少年在认知方面又存在着一定局限,

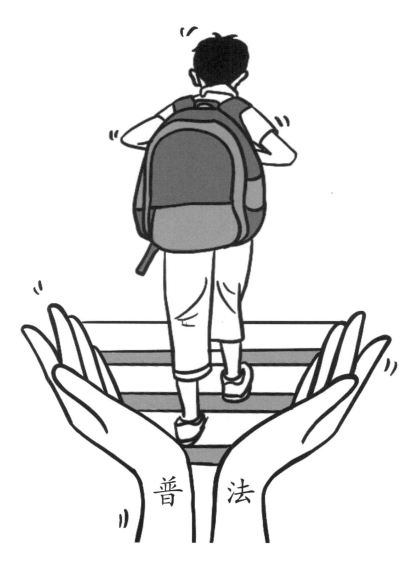

普法

做好青少年普法"托手工作"

如何识别和规避违法犯罪行为,成为一个迫切需要解决的问题。青少年应在日常的网络生活中增强鉴别违法行为的能力,自觉树立网络尊重意识、责任意识、安全意识和自律意识,把网络作为学习、娱乐的工具,避免获取不良信息和杜绝违法犯罪,在做到自身良好使用网络的同时,对违反网络法规的行为及时进行制止。现实生活中的法律问题往往存在于我们熟悉的生活中,相信每一个青少年都可以成为守法、护法的小战士。

参考文献

1. [荷兰] 斯宾诺莎. 伦理学 [M]. 北京: 商务印书馆, 1998.

2. 葛洪义. 法理学 [M]. 北京: 中国政法大学出版社, 2002.

3. 张震. 网络时代伦理 [M]. 成都: 四川人民出版社, 2002.

4. 乔晓阳. 中南海法制讲座十四讲 [M]. 北京: 中共中央党校出版社, 2003.

5. 钟瑛, 牛静. 网络传播法制与伦理 [M]. 武汉: 武汉大学出版社, 2006.

6. 吴汉东. 法学通论 [M]. 北京: 北京大学出版社, 2008.

7. 李卫东. 网络传播中的伦理问题研究 [M]. 西安: 陕西师范大学出版社, 2014.

8. 牛静. 新闻传播伦理与法规: 理论及案例评析 [M]. 上海: 复旦大学出版社, 2015.

9. [美] 安东尼·刘易斯. 言论的边界 [M]. 徐爽, 译. 北京: 法律出版社, 2016.

10. 金江军, 郭英楼. 互联网时代的国家治理 [M]. 北京: 中共党史出版社, 2016.

11. 王艳 . 互联网全球治理 [M]. 北京 : 中央编译出版社 ,2017.

12. 何明升 . 网络治理 : 中国经验和路径选择 [M]. 北京 : 中国经济出版社 ,2017.

13. 蔡元培 . 中国伦理学史 [M]. 北京 : 商务印书馆 ,2018.

14. 中共中央党史和文献研究院 . 习近平关于网络强国论述摘编 . 北京 : 中央文献出版社 ,2021.

后　记

随着我国互联网的快速发展,网络已经成为青少年学习之余的重要娱乐活动空间。但网络伦理失范与违规违法的乱象也日益显现,影响着青少年的健康成长。为此,2015年国家主席习近平在第二届世界互联网大会上指出:"网络空间是人类共同的活动空间,网络空间前途命运应由世界各国共同掌握。各国应该加强沟通、扩大共识、深化合作,共同构建网络空间命运共同体。"如何以德治网、依法治网,营造清朗的网络空间,是一个全社会关注的话题,也是一个任重道远的课题。

三年前,我的恩师罗以澄先生邀请我参加《青少年网络素养读本(第2辑)》的编写工作。因为我所在的学校是中南财经政法大学,我所在的学院以经济新闻和法制新闻为特色专业,所以将"以德治网与依法治网"的选题交与我。编写过程中,如何从青少年与网络接触的实际出发,既坚持学理性,又力求通俗易懂,确实是一个难题。

这本书是我和我的研究生共同完成的。何强、曾怡然参与了大纲拟写并做了大量辅助性工作,部分研究生参与案例收集、资料整理及相关章节的初稿撰写,具体分工如下:第一章:万思霁、孙巽;第二章:陈佩芸、黎子宁;第三章:罗欢、朱潇潇、石子桐;第四章:杨慧荣、李洁;第五章:胡凯、熊韵秋、孙一夫、沈鹏飞。

感谢宁波出版社袁志坚社长、责编陈静等为本书的付出,写作中参阅了大量相关的著作、论文、新闻报道和网络资料,除主要参考文献以外,未能一一列举,在此一并感谢!

由于我们的水平有限,书中肯定存在一些问题,恳请专家、同人以及广大读者批评指正。

吴玉兰

2021 年 2 月 15 日于武昌

图书在版编目（CIP）数据

以德治网与依法治网 / 吴玉兰著 . — 宁波：宁波
出版社，2021.5
（青少年网络素养读本 . 第 2 辑）
ISBN 978-7-5526-4105-9

Ⅰ.①以 … Ⅱ.①吴 … Ⅲ.①计算机网络—素质教育
—青少年读物 Ⅳ.① TP393-49

中国版本图书馆 CIP 数据核字（2020）第 216254 号

丛书策划	袁志坚		**责任印制**	陈　钰
责任编辑	陈　静		**封面设计**	连鸿宾
责任校对	秦梦嫄　谢路漫		**封面绘画**	陈　燏

青少年网络素养读本·第 2 辑
以德治网与依法治网

吴玉兰　著

出版发行　宁波出版社
　地　址　宁波市甬江大道 1 号宁波书城 8 号楼 6 楼　315040
　电　话　0574-87279895
　网　址　http://www.nbcbs.com
印　　刷　宁波白云印刷有限公司
开　　本　880 毫米 × 1230 毫米　1/32
印　　张　6.5　　**插页**　3
字　　数　140 千
版　　次　2021 年 5 月第 1 版
印　　次　2021 年 5 月第 1 次印刷
标准书号　ISBN 978-7-5526-4105-9
定　　价　30.00 元

如发现缺页或倒装，影响阅读，请与出版社联系调换　电话：0574-87248279